W0275299

ALLE ZEIT WACH
SJ
1842

Paul-Walter Schönle

Elektromagnetische Artikulographie

Ein neues Verfahren zur klinischen Untersuchung der Sprechmotorik

Mit 87 Abbildungen

Springer-Verlag
Berlin Heidelberg New York
London Paris Tokyo

Professor Dr. Dr. Paul-Walter Schönle
Georg-August-Universität Göttingen,
Zentrum Neurologische Medizin,
Abt. Klinische Neurophysiologie,
Postfach 3742,
3400 Göttingen

ISBN-13: 978-3-540-50071-1 e-ISBN-13: 978-3-642-73928-6
DOI: 10.1007/978-3-642-73928-6

Druck: Weihert-Druck GmbH, Darmstadt; Bindearbeiten: Druckhaus Beltz, Hemsbach
2125/3130-543210

Vorwort

In Anbetracht der großen Vorkommenshäufigkeit von Sprechstörungen besteht von klinischer Seite die dringende Notwendigkeit, Artikulationsbewegungen für diagnostische und therapeutische Zwecke einfach und mit hoher Genauigkeit registrieren zu können. Die Entwicklung der elektromagnetischen Artikulogpraphie zielte, da bislang kein geeignetes Verfahren zur Verfügung stand, darauf ab, eine klinisch adäquate und praktikable Untersuchungsmethode für die direkte Registrierung, qualitative Beurteilung und quantitative Analyse von Sprechbewegungen und Sprechbewegungsstörungen zu etablieren.

Neben der praktisch-klinischen Motivation entsprang ihre Entwicklung auch einem theoretischen Erkenntnisinteresse an den physiologischen und pathophysiologischen Mechanismen der menschlichen Sprechtätigkeit und ihrer mentalen und zerebralen Repräsentation. In den empirischen Wissenschaften hängt der Fortschritt ganz entscheidend von der Entwicklung neuer Methoden ab, ohne die neue Erkenntnisse und Einsichten nicht möglich sind. In diesem Kontext will die elektromagnetische Artikulographie einen neuen methodischen Beitrag zur Erforschung der Sprechmotorik und der nichtsprachlichen orofazialen Motorik in der Neurologie, Phoniatrie, Psychiatrie, Zahnmedizin, Phonetik und Linguistik leisten.

Das vorliegende Buch stellt die wesentlichen Grundlagen der elektromagnetischen Artikulographie vor und präsentiert paradigmatisch erste Ergebnisse von bewegungsphysiologischen Untersuchungen an Gesunden und Patienten. Dabei wird auf eine ausführliche Wiedergabe von Originalregistrierungen Wert gelegt, da erstmals in größerem Umfang direkte Bewegungsanalysen der Zungenmotorik durchgeführt wurden.

Paul-Walter Schönle

Danksagung

Für seine stete Förderung und sein aktives Interesse bei der mehrjährigen Entwicklungsarbeit der elektromagnetischen Artikulographie sei an erster Stelle Herrn Prof. Dr. B. Conrad, Abteilung Klinische Neurophysiologie der Universität Göttingen gedankt. Mein besonderer Dank gilt ferner all jenen, die sich voller Begeisterung und mit großer Beharrlichkeit in der interdisziplinären Gruppe von Medizinern, Linguisten, Elektronikern und Informatikern bei der Entwicklung des Verfahrens engagierten und mithalfen, manche Rückschläge zu überwinden: Ch. Apel, B. Baumgart, E. Bröckmann, G. Freckmann, K. Gräbe, J. Höhne, G. Hong, J. Mezger, J. Schrader und P. Wenig.

Ferner danke ich meiner Frau und meinen beiden Söhnen, Raphael und Benedict, für ihr Verständnis und den Freiraum, den sie mir für lange Zeit gewährten.

Schießlich möchte ich auch den Mitarbeitern des Springer-Verlages Heidelberg für die gute Zusammenarbeit danken.

Inhaltsverzeichnis

Einleitung 1

1 Traditionelle Methoden zur Analyse von physiologischen und pathologischen Sprechbewegungen 3

2 Klinische Wertigkeit der traditionellen Verfahren 11

3 Die elektromagnetische Artikulographie 13

3. 1 Meßprinzip, Prinzip der Korrektur von Zungenverdrehungsfehlern und Algorithmus zur Koordinatenberechnung 13
3. 2 Technische Realisierung 19
3. 3 Systemkalibrierung 21
3. 4 Systemtestung 22
3. 5 Auswahl der Meßpunkte 23
3. 6 Auswahl der Empfängerspulen 24
3. 7 Fixierung der Empfängerspulen 25
3. 8 Auswahl eines geeigneten Referenzsystems 26

4 Praxis der elektromagnetischen Artikulographie 32

4.1 Simultane Registrierung mehrerer intra- und extraoraler Artikulatorpositionen 32
4.2 Meßgenauigkeit 35
4.3 Interferenz mit dem Sprechvorgang 36
4.4 Biologische Sicherheit 37
4.5 Klinische Anwendbarkeit 37
4.6 Registrierung der Gaumenkontur als sprechphysiologisch bedeutsames Referenzsystem 39

5 Artikulographische Untersuchungen zur Physiologie und Pathophysiologie der Sprechmotorik 43

5.1 Artikulographische Untersuchungen zur Physiologie der Sprechmotorik 43

5.1.1 Bewegungstrajektorien des Zungengrundes bei der Produktion isolierter Vokale 43
5.1.2 Bewegungstrajektorien des Zungengrundes bei der Produktion von Vokalen im Kontext 50
5.1.3 Bewegungstrajektorien des Zungengrundes bei der Produktion von Vokalübergängen 65
5.1.4 Bewegungstrajektorien des Zungengrundes bei der Produktion von Diphthongen 68
5.1.5 Bewegungstrajektorien des Zungengrundes und der Zungenspitze bei der Produktion von Konsonanten 70
5.1.6 Bewegungstrajektorien des Zungengrundes, der Zungenspitze, des Unterkiefers und der Lippen bei der Produktion von isolierten Wörtern 72
5.1.7 Differentielle Bewegungstrajektorien bei der Produktion von Wörtern mit Kurz- versus Langvokalen 76
5.1.8 Die zeitliche Koordination von Unterkieferbewegung und Phonation bei unterschiedlicher Sprechgeschwindigkeit 80

5.2 Artikulographische Untersuchungen zur Pathophysiologie der Sprechmotorik 82

5.2.1 Verlust der zeitlichen Koordination von Unterkieferbewegung und Phonation bei Patienten mit zerebellärer Sprechstörung 82
5.2.2 Pathologische Veränderungen der Mundmotorik bei Patienten mit cerebellärer Sprechstörung 86
5.2.3 Pathologische Veränderungen der Sprechmotorik bei Patienten mit Bulbärparalyse und Athetose 91

6 Diskussion 96

6.1 Wertung und Bedeutung der elektromagnetischen Artikulographie als klinisches Untersuchungsverfahren der Sprechmotorik 96

6.1.1 Wesentliche Eigenschaften des Systems 96
6.1.2 Die Problematik eines geeigneten Referenzsystems 98
6.1.3 Die Bedeutung der artikulographischen Registrierung der Gaumenkontur 99
6.1.4 Die klinische Praktikabilität des Verfahrens 100

6.2 Physiologische Aspekte 101

6.2.1 Bewegungsphysiologische Aspekte der Vokalproduktion 101
6.2.2 Bewegungsphysiologische Aspekte der Wortproduktion 105
6.2.3 Zeitliche Aspekte der interartikulatorischen Koordination 106

6.3 Pathophysiologische Aspekte 106

6.4 Perspektiven der sprechmotorischen Forschung 108

7 Zusammenfassung 110

Literaturverzeichnis 114

Sachverzeichnis 120

Einleitung

Störungen des Sprechens und der Sprache gehören zu den schwerwiegendsten Folgen einer Schädigung des Gehirns, unabhängig, ob sie durch Enzephalitiden, Hämorrhagien, Ischämien, Tumoren oder Schädel-Hirn-Traumen verursacht werden. Die Betroffenen erfahren den Verlust einer für den Menschen so wesentlichen Fähigkeit, sich anderen in Sprache mitteilen zu können und von anderen verstanden zu werden.

Wegen der Bedeutung der Sprache als einer der wichtigsten kognitiven Funktionen haben diese Störungen bei Kindern und Jugendlichen tiefgreifende Auswirkungen auf deren gesamte geistig-seelische, soziale und berufliche Entwicklung. Sowohl der ökonomische als auch der soziale Status eines Individuums wird in einer von Information und Kommunikation geprägten Gesellschaft weitgehend von seiner Sprach- und Sprechfähigkeit bestimmt.

Zu Sprechstörungen kommt es außer bei neurologischen Erkrankungen auch bei einer Vielzahl von Erkrankungen aus den psychiatrischen, phoniatrischen, zahnmedizinischen, und kieferchirurgischen Fachgebieten, je nach dem, ob die Schädigung im Vokaltrakt, im neuromotorischen oder psychischen Bereich liegt. Die sozialmedizinische Bedeutung der Sprechstörungen erhellt sich aus ihrer Vorkommenshäufigkeit. Nach Erhebungen des National Institute of Health gibt es allein in USA über 10 Millionen Menschen mit Sprechstörungen (National Research Strategy for Neurological and Communicative Disorders, 1979), für die Bundesrepublik dürften entsprechende Zahlen angenommen werden.

Trotz der existentiellen Bedeutung der sprachlichen Kommunikation und trotz der psychosozialen Folgen einer Störung der Sprechfähigkeit für den einzelnen liegen im Vergleich zu unserem Wissen über die Extremitätenmotorik nur rudimentäre Kenntnisse über die der Sprachproduktion zugrundeliegenden neuromotorischen Prozesse und deren Störungen bei neurologischen Erkrankungen vor. Dementsprechend entbehrt die Diagnostik und Therapie dieser Störungen weitgehend einer rationalen, bewegungsphysiologischen Fundierung.

Die wesentliche Ursache für diese "Unterentwicklung" liegt im Fehlen geeigneter Untersuchungsmethoden begründet; insbesondere ist die Untersuchung der Zunge, des wichtigsten Artikulators, schwierig, da sie einer direkten Beobachtung, von Röntgenuntersuchungen abgesehen, unzugänglich ist.

Aus dieser Erkenntnis heraus wird in dem Memorandum des National Institute of Health im Rahmen der National Research Strategy und im National Institute of Handicapped Research Long-Range Plan 1984-1989 die Entwicklung neuer Forschungstechniken zur objektiven Erfassung, quantitativen Analyse und Evaluation der sprechmotorischen Prozesse, die der Sprachproduktion zugrundeliegen, gefordert. Zur Realisierung dieses Ziels wurde im Speech Motor Control Center an der Universität Wisconsin in Madison ein nationales Forschungszentrum für Sprechmotorik errichtet (Nadler et al., 1985).

Die Entwicklung der elektromagnetischen Artikulographie steht im Kontext dieser Bestrebungen, neue Methoden für die Untersuchung der Sprechmotorik zu etablieren, die es erlauben, die physiologischen Grundlagen der Sprechmotorik und die pathophysiologischen Mechanismen ihrer Störung zu erforschen als Basis für die Entwicklung einer rationalen Diagnostik und Therapie der neurologischen Sprechstörungen.

1 Traditionelle Methoden zur Analyse von physiologischen und pathologischen Sprechbewegungen

Aus methodischen Gründen wurden bislang am häufigsten *indirekte* Verfahren zur Analyse von Sprechbewegungen angewandt, da zur direkten Beobachtung keine oder nur unzureichende Verfahren zur Verfügung standen. Die gebräuchlichste Methode, insbesondere für die Untersuchung von Sprechstörungen, stellt die *perzeptive* Analyse dar, bei der der Untersucher seine Höreindrücke mit Hilfe seiner phonetisch-phonologischen Kenntnisse und klinischen Erfahrungen zu analysieren und so die Sprechstörungen zu diagnostizieren versucht (Darley et al., 1975).

Während die perzeptive Analyse immer nur subjektive Ergebnisse erbringen kann, gelingt bei der *akustischen* Analyse, einem weiteren indirekten Verfahren, eine Objektivierung der Untersuchung. Sie erlaubt einen höheren Grad der Quantifizierung und fördert eine größere Sensitivität des Untersuchers gegenüber bestimmten Aspekten der Sprachproduktion. Mit Hilfe dieses Verfahrens wurde auch bei Patienten mit Sprechstörungen versucht, aus der Analyse des gestörten Sprachschalls Rückschlüsse auf die pathologischen Veränderungen der Sprechbewegungen zu ziehen (Blumstein et al., 1977, 1980; Freeman et al., 1978; Kent et al., 1979; Van Lancker u. Canter, 1981; Kent u. Rosenbek, 1983; Ziegler u. von Cramon, 1985).

Obwohl die akustische Analyse wegen der Möglichkeit zur Objektivierung wertvoll für die Untersuchung des Sprechens ist, sind bei gesunden Sprechern wegen der komplexen Beziehung zwischen den Sprechbewegungen und dem entstehenden Sprachschall Rückschlüsse aus dem akustischen Signal auf die Position der Artikulatoren und ihre genauen Bewegungen mit den derzeit gebräuchlichen mathematischen Modellen nur bedingt möglich (Fant, 1980), zumal identische akustische Signale durch ein unterschiedliches Zusammenwirken der beteiligten Artikulatoren erzeugt werden können (Kugler et al., 1982). Wegen der sehr wahrscheinlich stattfindenden kompensatorischen Reorganisation der artikulatorischen Synergien dürfte bei Patienten der Rückschluß von der gestörten Akustik auf die Störung der artikulatorischen Bewegungsabläufe noch um eine weitere Dimension schwieriger sein als bei gesunden Sprechern. Entscheidend ist jedoch, daß es sich bei den *Artikulationsstörungen* primär um *motorische*

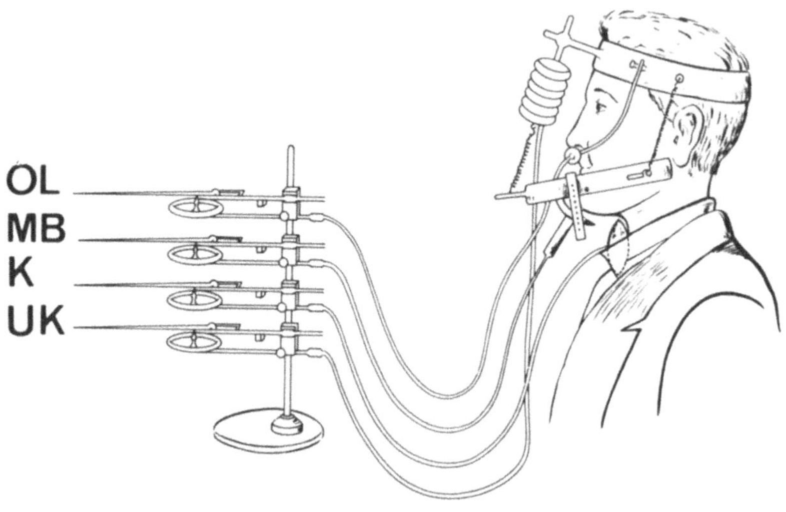

Abb. 1.1. Zwaardemakersche Registrierapparatur; mechanische Registrierung der Bewegungen der Oberlippe (OL), des Unterkiefers (UK), des Mundbodens (MB) und des Kehlkopfes (K) (nach Zwaardemaker, 1900)

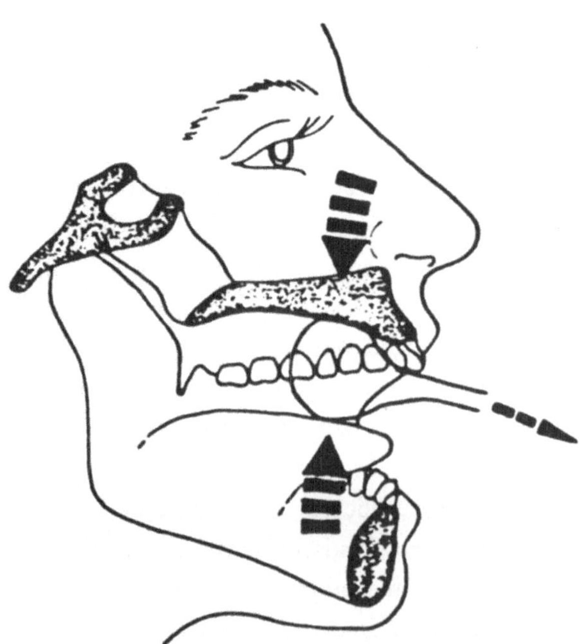

Abb. 1.2. Glossographie: Aufzeichnung von Zungenbewegungen mit Hilfe eines kleinen Luftballons im Mundraum; Registrierung der durch die Zungenbewegungen induzierten Druckschwankungen (nach Bay, 1957)

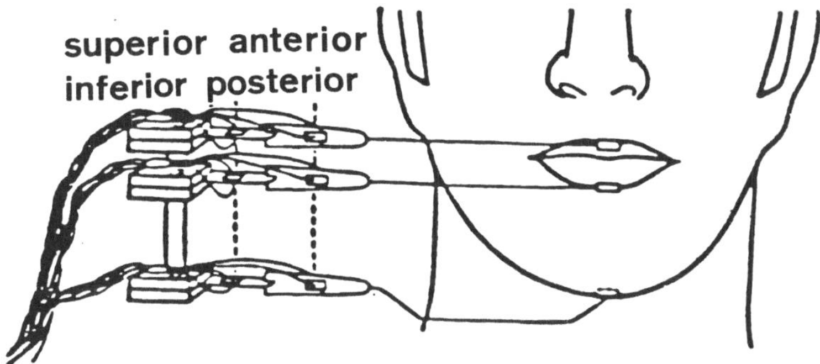

Abb. 1.3. Dehnungsmeßstreifenverfahren zur Registrierung von Bewegungen der Lippen und des Unterkiefers (nach Abbs u. Gilbert, 1973)

Störungen durch Schädigung des zentralen oder peripheren Nervensystems handelt. Daher kommt der direkten Bewegungsregistrierung bei der Erforschung der pathophysiologischen Mechanismen, die diesen Bewegungsstörungen zugrundeliegen, eine entscheidende Bedeutung zu.

Die Notwendigkeit zur direkten Registrierung der Sprechbewegungen wurde bereits um die Jahrhundertwende erkannt. Von historischem Interesse ist die von dem Phonetiker Zwaardemaker entwickelte *mechanische Registrierapparatur* (Abb. 1.1), die die Aufzeichnung der Bewegungen von vier Artikulatoren, nämlich der Oberlippe, des Unterkiefers, des Mundbodens und des Kehlkopfes erlaubte (Zwaardemaker, 1900).

Der Neurologe Bay versuchte, mit der *Glossographie* Zungenbewegungen direkt zu registrieren, wobei mit Hilfe eines kleinen Luftballons die von der Zunge erzeugten Druckschwankungen aufgezeichnet wurden (Abb. 1.2) (Bay, 1957). Diese Art der Registrierung war jedoch wegen der erheblichen Interferenz mit dem Sprechen zur Aufzeichnung von Artikulationsbewegungen nur bedingt geeignet.

Mit einem weiteren mechanischen Verfahren, das *Dehnungsmeßstreifen* verwendet (Abb. 1.3) und seit den siebziger Jahren in den USA Anwendung findet, können simultane Registrierungen von Oberlippe, Unterlippe und Unterkiefer durchgeführt werden, ohne daß mit dieser Methode jedoch Zungenbewegungen dargestellt werden können (Abbs u. Gilbert, 1973).

Bei der *Palatographie* (Abb. 1.4) wird für die betreffende Versuchsperson von einem Gipsmodell ein künstlicher Gaumen hergestellt, in den möglichst viele Elektroden implantiert werden. Beim Kontakt der Zunge mit diesen Elektroden wird an dem Kontaktpunkt ein elektrisches Signal erzeugt. Werden die Signale fortlaufend registriert (dynamische Palatographie), erhält man für bestimmte Laute typische Zungen-Gaumen-Kontaktmuster. Offensichtlich kommt es bei diesem Verfahren jedoch zu einer ausgeprägten Veränderung des sensorischen Feedbacks, da Untersuchungen erst nach

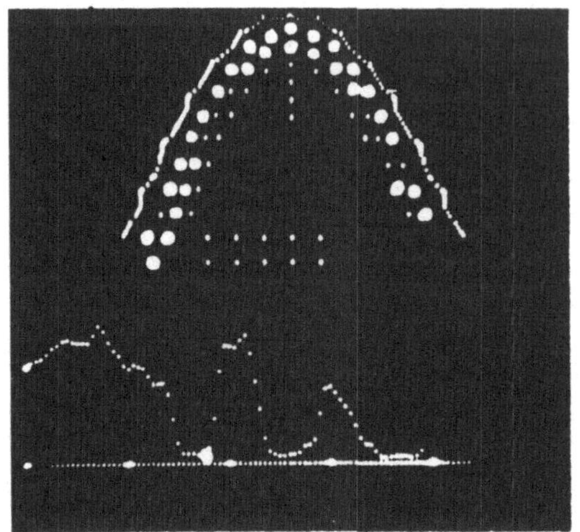

Abb. 1.4. Dynamische Palatographie: zeitbezogene Registrierung der Kontaktpunkte der Zunge mit dem Gaumen (nach Kiritani et al., 1977)

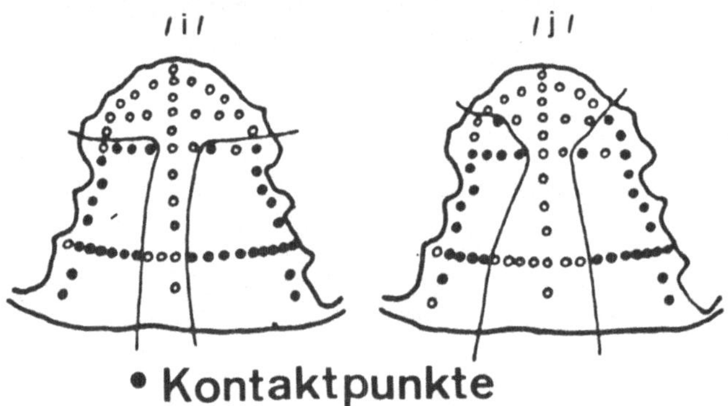

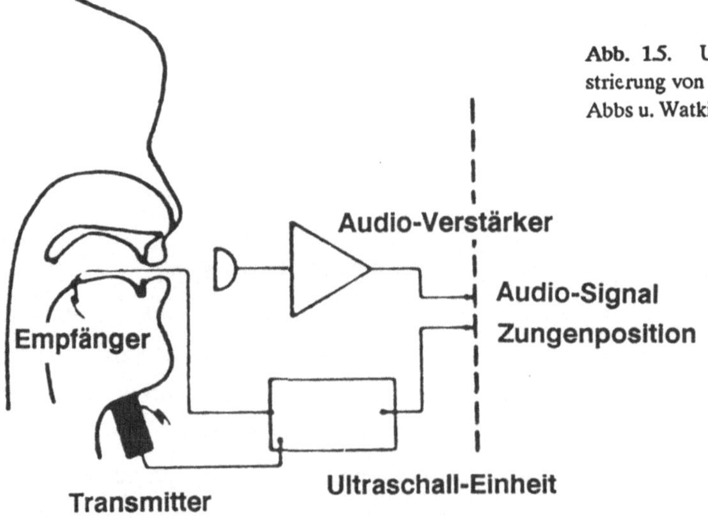

Abb. 1.5. Ultraschallverfahren: Registrierung von Zungenbewegungen (nach Abbs u. Watkin, 1976)

einer Adaptationsphase durchgeführt werden können. Aus diesem Grund erscheint das Verfahren für die Untersuchung von Patienten nicht geeignet. Zudem können wegen der aufwendigen, individuellen Anfertigung nur Einzeluntersuchungen durchgeführt werden.

Nach der Einführung des *Ultraschallverfahrens* in die klinische Diagnostik wurden verschiedene Versuche unternommen (Watkin u. Zagzebski, 1973; Keller u. Ostry, 1983), dieses Verfahren zur bewegungsphysiologischen Untersuchung der Zunge zu verwenden (Abb. 1.5). Obwohl vor allem die neueren Entwicklungen des B-Scans (Shawker et al., 1984; Schönle u. Conrad, 1985) eine orientierende, qualitative Beurteilung der Zungenmotilität erlauben, ist die klinische Anwendbarkeit durch die zeitaufwendige Bild-für-Bild-Analyse und die Schwierigkeit, den Schallkopf stabil am Mundboden zu befestigen, begrenzt.

Konventionelle Röntgenstrahlen werden bei der *Kinefluororadiographie* (Moll, 1960) verwandt, bei der die Artikulatoren mit Röntgenstrahlen im seitlichen Strahlengang durchleuchtet und die Sprechbewegungen mit einer Röntgenfilmkamera aufgenommen werden. Bei der ebenfalls zeitaufwendigen Bild-für-Bild-Analyse werden die Positionen der Artikulatoren bestimmt und ausgemessen. Eine Erleichterung der Auswertung brachte die Einführung vom Bleikügelchen, die auf sprechphysiologisch wichtige Punk-

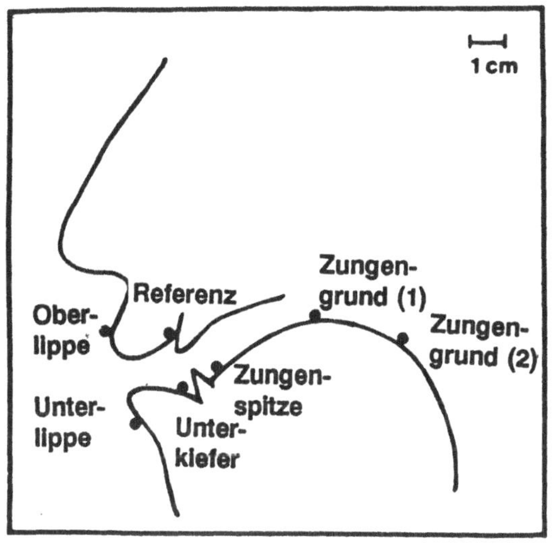

Abb. 1.6. Kinefluororadiographie: Untersuchung der Unterkiefer- und Zungenbewegungen mit Hilfe konventioneller Röntgenstrahlen, Aufnahme mit einer schnellen Röntgenfilmkamera. Anbringung von Bleikügelchen auf den Artikulatoren zur Vereinfachung der Auswertung (nach Abbs u. Gilbert, 1973)

te auf den Artikulatoren aufgeklebt werden (Abb. 1.6). Die meisten bewegungsphysiologischen Untersuchungen der Sprechmotorik, insbesondere der Zungenmotorik, wurden mit dieser Methode durchgeführt, wobei wegen der Strahlenbelastung jeweils nur einige wenige Versuchspersonen mit minimalem Sprachmaterial untersucht wurden.

Mit dieser Methode können simultan zwar mehrere Artikulationspunkte untersucht werden, Schwierigkeiten bereitet jedoch die Abgrenzung der nichtknöchernen Strukturen, insbesondere der Weichteile im Bereich des Gaumens, und die Überlagerung von Strukturen unterschiedlicher Röntgendichte. Hinzu kommt, daß wegen der geringen zeitlichen Auflösung von 40 ms bis 50 ms Untersuchungen zur zeitlichen Koordination nicht möglich sind. Wegen der Nachteile der Methode sind nur wenige Einzelfalluntersuchungen an Patienten mit neurologischen Sprechstörungen (Kent u. Netsell, 1975, 1978; Kent et al., 1975) durchgeführt worden. Für das Deutsche wurde von Wängler (1976[6]) ein Atlas deutscher Sprachlaute veröffentlicht. Für die einzelnen Laute des Deutschen wurde jeweils ein Röntgenbild aus einem Röntgenfilm ausgewählt, der von einem Sprecher aufgenommen worden war. Kinefluororadiographische Untersuchungen an deutschen Sprechern mit neurologischen Sprechstörungen sind nicht bekannt.

Eine Verbesserung der Kinefluororadiographie stellt das an der Universität Tokyo entwickelte *Röntgen-Mikrostrahlverfahren (X-ray-microbeam-System)* (Kiritani et al., 1975) (Abb. 1.7) dar, bei dem ein fein gebündelter Mikro-Röntgenstrahl von einem Computer fortlaufend auf Bleikügelchen von drei Millimeter Durchmesser eingestellt wird, die auf wichtigen Artikulatorpunkten angebracht sind. Die Aufnahmefrequenz beträgt 100 Hz. Die Koordinaten der Artikulatorpunkte werden mit einer Genauigkeit von 1 mm automatisch in Echtzeit berechnet. Der Vorteil dieses Verfahrens liegt in der Möglichkeit, gleichzeitig mehrere Artikulatorpunkte registrieren und in Echtzeit ihre Koordination berechnen zu können, der Nachteil in den hohen Anschaffungs- und Betriebskosten. Probleme ergeben sich bei Versuchspersonen mit Zahnfüllungen, da bei deren Vorhandensein eine genaue Verfolgung der Bleikügelchen nicht gewährleistet ist. Die Strahlenbelastung beträgt 120 mrad/min bezogen auf eine Fläche von 1 cm^2 und bezogen auf eine Aufnahmefrequenz von 120 Bildern/min, die Expositionszeit liegt üblicherweise bei 10 Minuten (Fujimura, 1980). Mit diesem Verfahren wurden, ähnlich wie mit der Kinefluororadiographie, nur wenige Untersuchungen an einzelnen Patienten mit neurologischen Sprechstörungen durchgeführt (Hirose et al., 1978, 1981, 1982).

Bei dem von Sonoda (1977) entwickelten *Magnetometer* und dem *Sirognatographen*, einer von der Firma Siemens hergestellten Apparatur zur Registrierung von Unterkieferbewegungen, wird ein kleiner Dauermagnet an der Vorderseite der unteren

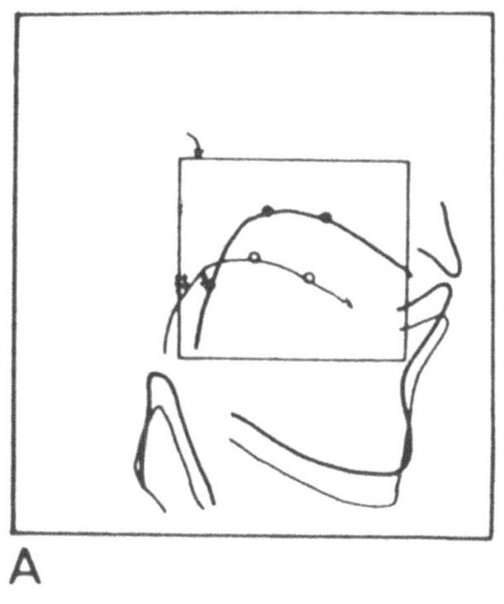

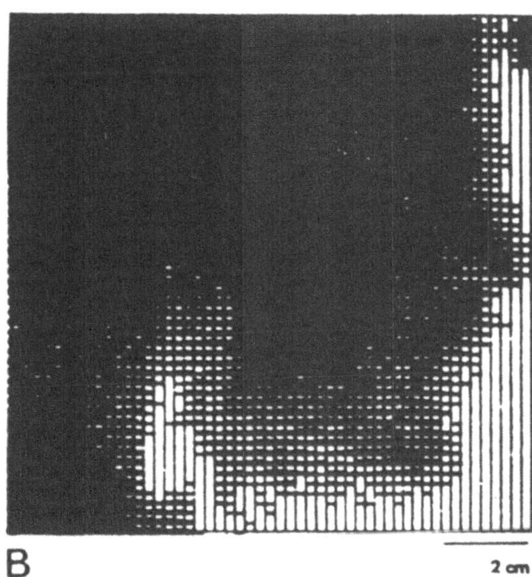

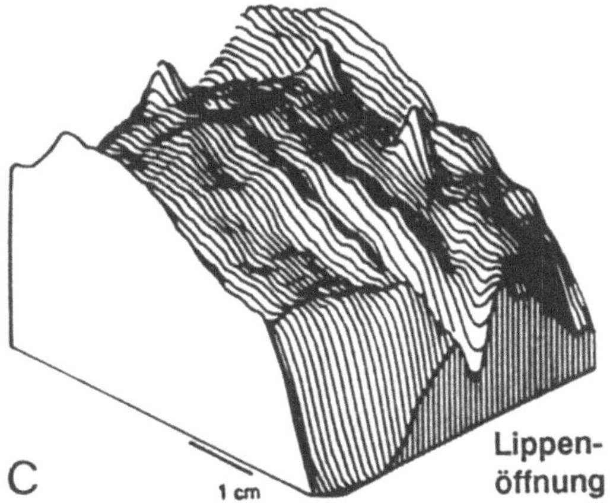

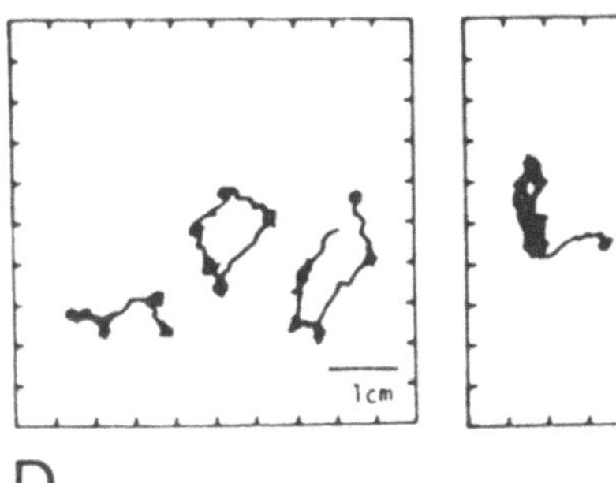

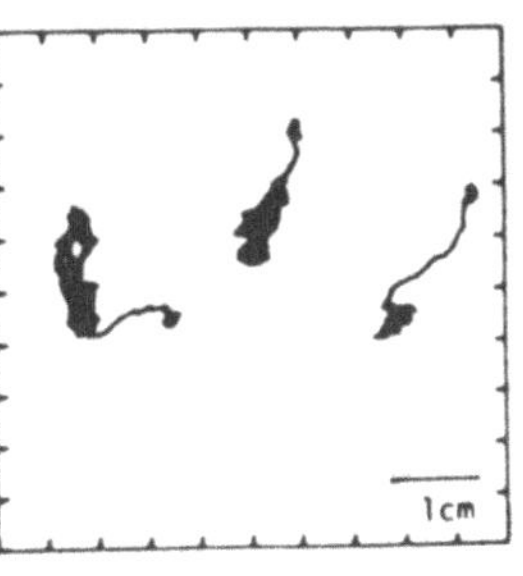

Abb. 1.7. Das X-ray-microbeam-Verfahren. **A)** Schematische Darstellung des Vokaltrakts mit Zungenkonturen für den Vokal /i/ und /a/; Lage der Bleikügelchen. **B)** Scan des ganzen Bildfeldes während der Vokalisation von /a/. **C)** Dreidimensionale Repräsentation des Intensitätsmusters von B); drei Bleikügelchen auf der Zunge. **D)** Trajektorien von drei Bleikügelchen während der Produktion von /i, e, a, o, u/ (oben), Bewegungstrajektorien während der repetitiven Produktion von /aka/ unten (nach Kiritani et al., 1975)

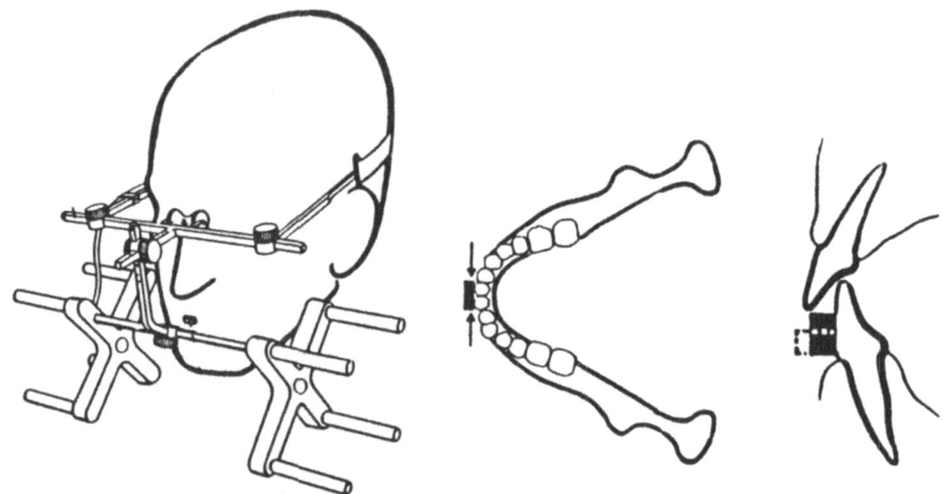

Abb. 1.8. Magnetometer (Sirognatograph); Anbringung eines kleinen Dauermagneten, z.B. im Bereich der Zähne oder der Zunge, Registrierung der bewegungsinduzierten Magnetfeldverschiebungen durch externe Sensoren (nach Fa. Siemens, Sirognathograph, Bedienungsanleitung, o.J.)

Schneidezähne oder der Zunge befestigt (Abb. 1.8). Sensoren, die um den Kopf herum angeordnet sind, registrieren bei Bewegungen des Unterkiefers die Verschiebungen des Magnetfeldes. Aus den Magnetfeldänderungen werden die Koordinaten des Meßpunktes bestimmt, wobei sich die Verwendung eines homogenen Magnetfeldes wegen seiner hohen Störanfäligkeit gegenüber äußeren Magnetfeldern nachteilig auswirkt. Außerdem kann nur eine Position registriert werden.

Die Verwendung von *Wechselmagnetfeldern* zur Registrierung von Sprechbewegungen wurde von Hixon (1971) und van der Giet (1977) für die Aufzeichnung von Unterkieferbewegungen und von Perkell u. Oka (1980) für Zungenbewegungen versucht. Dabei ergaben sich bei der Registrierung der Zungenbewegungen aus der Tatsache, daß die Zunge beim Sprechen auch Drehbewegungen um ihre Längsachse ausführt, Probleme der exakten Koordinatenbestimmung von Zungenmeßpunkten. Erste Ansätze zur Korrektur von Zungenverdrehungsfehlern ließen eine ausreichende Genauigkeit auch bei der Registrierung von Zungenbewegungen erwarten (Schönle et al. 1983).

2 Klinische Wertigkeit der traditionellen Verfahren

Bei der klinischen Untersuchung der Sprechmotorik sind an eine geeignete Methode zur Registrierung der Sprechbewegungen verschiedene Anforderungen zu stellen. Erstens sollte das jeweilige Verfahren eine ausreichende Meßgenauigkeit im Millimeterbereich aufweisen. Zweitens sollte die simultane Registrierung mehrerer Artikulatorpunkte außerhalb und innerhalb des Mundraumes und zwar im Bereich des Unterkiefers, der Ober-und Unterlippe, der Zungenspitze, des Zungengrundes und des Gaumensegels möglich sein. Drittens darf das verwendete Verfahren nicht zu einer Interferenz mit dem Sprechen führen. Viertens muß ein bei Patienten angewandtes Verfahren biologisch möglichst sicher sein. Fünftens sollte es bei Patienten genügend lange angewandt werden können, um eine für die Diagnostik ausreichend große Datenmenge erheben zu können. Für die Beurteilung des Verlaufs von Sprechstörungen und für die Kontrolle von Therapien sollte es sechstens mehrfach angewandt werden können. Im Hinblick auf eine therapeutische Anwendung, z. B. im Rahmen von Biofeedback-Übungen sollten die Bewegungsabläufe zudem in Echtzeit verarbeitet und dem Patienten dargeboten werden können.

Eine Überprüfung der bisherigen Methoden unter diesen Gesichtspunkten ergibt folgendes Bild: Das mechanische Verfahren mit Anwendung von Dehnungsmeßstreifen ist zwar ausreichend genau und biologisch sicher, insgesamt aber ungeeignet, da Aufzeichnungen von Bewegungen der Zunge, dem wichtigsten Artikulator, mit diesem Verfahren nicht möglich sind. Beim Ultraschallverfahren können zwar Zungenbewegungen, nicht jedoch die Bewegungen der übrigen Artikulatoren registriert werden. Zudem ergeben sich neben der Schwierigkeit der Fixierung des Schallkopfes vor allem bei der quantitativen Auswertung mit der Notwendigkeit der Bild-für-Bild-Analyse und der Vermessung einzelner Punkte Probleme bei der Bewältigung der anfallenden Datenmengen, so daß diese Untersuchungsmethode nur zu einer orientierend-qualitativen Analyse verwendet werden kann. Das elektrische Verfahren der Palatographie eignet sich wegen der Notwendigkeit zur individuellen Anfertigung eines künstlichen Gaumens mit der aufwendigen Elektrodenimplantation nur für wissenschaftliche Untersuchungen an einzelnen Sprechern, nicht jedoch für eine breite klinische Anwendung. Hinzu kommt, daß nur Kontaktpunkte der Zunge mit dem Gaumen und nicht die Bewegungen der Zunge oder anderer Artikulatoren untersucht werden können.

Das einzige der bisherigen Verfahren, das erlaubt, mehrere Artikulatoren innerhalb und außerhalb des Mundraums simultan und mit ausreichender Genauigkeit zu untersuchen, ist das japanische Mikroröntgenstrahlverfahren. Es umgeht die langwierige und aufwendige Bildanalyse, wie sie bei der Kinefluororadiographie und Ultraschalluntersuchung erforderlich ist, durch eine automatische, computergestützte Berechnung der Koordinaten der interessierenden Artikulatorpunkte. Für eine klinische Anwendung ist dieses Verfahren jedoch wegen der Verwendung von Röntgenstrahlen und der notwendigen Begrenzung der Expositionszeit auf 10 Minuten nicht geeignet. Die klinisch erforderliche Untersuchungsdauer von 30 bis 60 Minuten wird nicht einmal annähernd erreicht, Mehrfachuntersuchungen und therapeutische Langzeitanwendungen verbieten sich wegen der Strahlenbelastung ebenfalls.

Insgesamt ist aus klinischer Sicht festzustellen, daß keines der traditionellen Verfahren die Anforderungen, die an eine klinische Untersuchungsmethode der Sprechmotorik zu stellen sind, erfüllt.

3 Die elektromagnetische Artikulographie

3.1 Meßprinzip, Prinzip der Korrektur von Zungenverdrehungsfehlern und Algorithmus zur Koordinatenberechnung

Bei der elektromagnetischen Artikulographie wird ein induktives Meßprinzip angewandt, das darauf beruht, daß die magnetische Feldstärke mit dem Abstand von der Erregerspule kubisch abnimmt, da diese ein Dipol darstellt (Abb. 3.1). Bringt man eine Empfängerspule an einen Meßpunkt in einem inhomogenen Magnetfeld, so wird in dieser Spule eine Spannung induziert, die bei achsenparalleler Anordnung der beiden

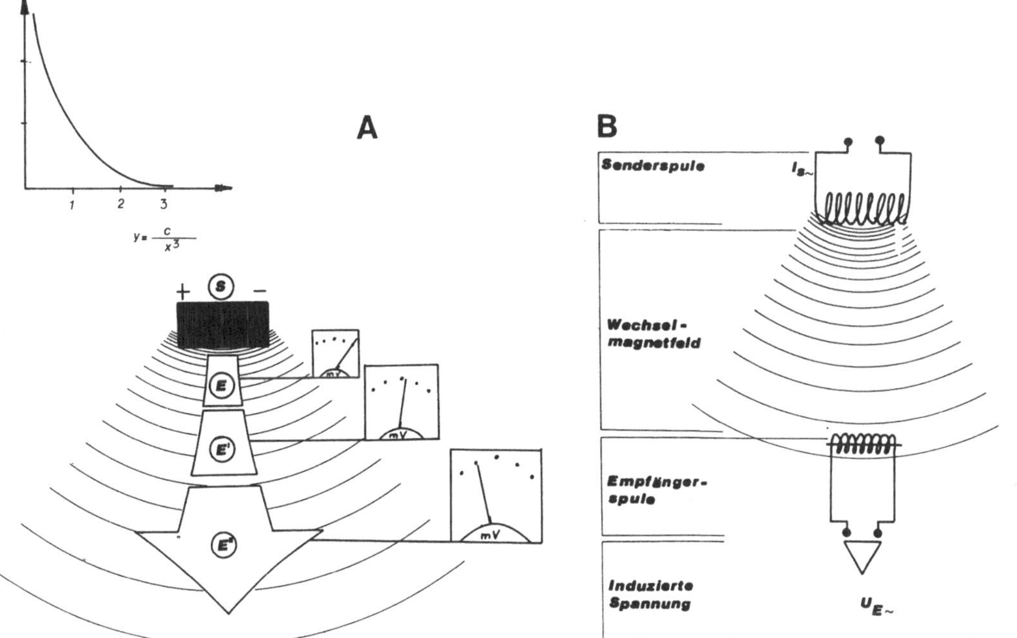

Abb. 3.1. A) Kubische Abnahme der magnetischen Feldstärke mit dem Abstand von der Senderspule; B) Erregung eines Wechselmagnetfeldes in der Senderspule, Induktion einer Wechselspannung in der Empfängerspule

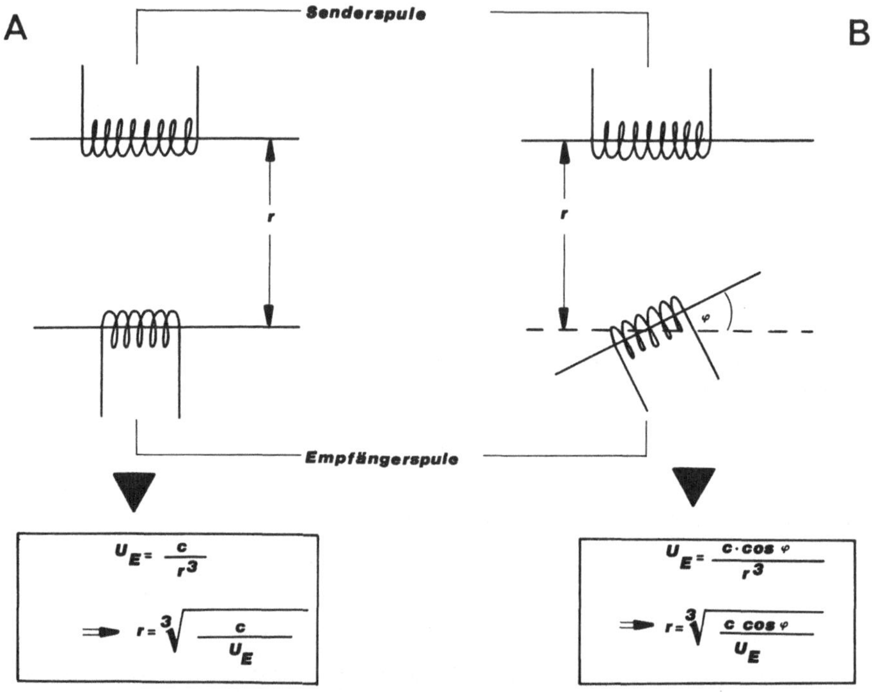

Abb. 3.2. A) Achsenparallele Anordnung der Sender- und der Empfängerspule; **B)** eine Achsenverdrehung führt zur Abnahme der induzierten Spannung und täuscht einen größeren Abstand vor

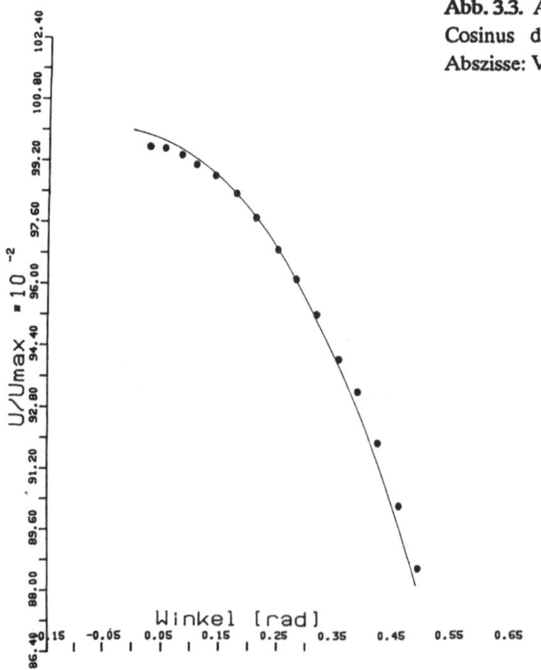

Abb. 3.3. Abnahme der induzierten Spannung (U) um den Cosinus des Verdrehungswinkels (Ordinate: U/U_{max}, Abszisse: Verdrehungswinkel (rad))

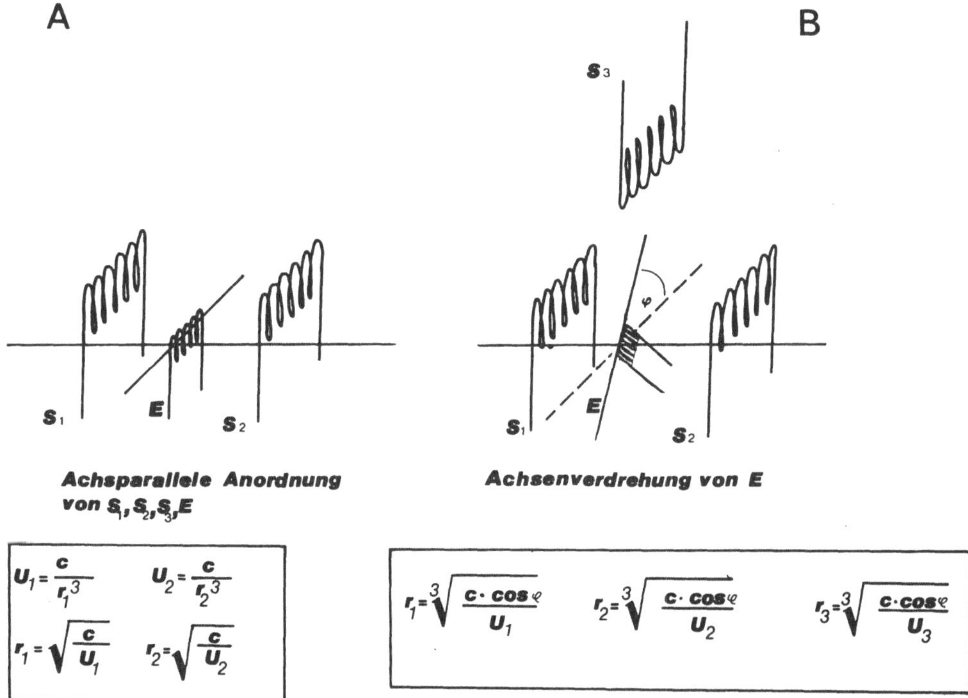

Abb. 3.4. A) Verwendung zweier achsenparallel angeordneter Senderspulen erlaubt die Berechnung des Ortes der Empfängerspule, unter der Voraussetzung, daß diese ebenfalls achsenparallel angeordnet ist; B) bei Verdrehung der Empfängerspule Abnahme der in E induzierten Spannung um einen gemeinsamen Faktor, der dem Cosinus (phi) des Verdrehungswinkels entspricht

Spulen genau umgekehrt proportional zur dritten Wurzel der Entfernung zwischen den beiden Spulen ist. Aus der Spannung, die in der Empfängerspule induziert wird, kann der Radius des Kreises, auf dem die Empfängerspule liegt, bestimmt werden (Abb. 3.2 A). Mit zwei Senderspulen auf verschiedenen Frequenzen können prinzipiell die Koordinaten des Meßpunktes als Schnittpunkt der beiden Kreise mit dem Radius r_1 und r_2 bestimmt werden (Abb. 3.4 A). Dazu ist jedoch die geometrische Anordnung der Spulen in einer Ebene mit ihren Achsen senkrecht zu dieser Ebene notwendig.

Da die Empfängerspule in der Realität, etwa bei Messungen am Menschen, jedoch nie ganz genau achsenparallel positioniert werden kann und außerdem bei Messungen auf der Zunge Verdrehungsbewegungen der Zunge vorkommen, würden bei einer nicht ganz parallelen Anordnung der Empfängerspule zu kleine Spannungen gemessen (Abb. 3.2 B) und ein größerer Abstand vorgetäuscht. Abb. 3.3 zeigt in einer Originalmessung die Abnahme der induzierten Spannung um den cos des Verdrehungswinkels. Bei Verwendung von zwei Senderspulen nimmt das Signal für beide Sender um den gleichen Faktor ab. Dieser gemeinsame Faktor ist genau der Cosinus des Verdrehungswinkels (Abb. 3.4 B), da bei der gewählten Geometrie die Feldlinien beider Sender am Meßort parallel verlaufen. Bei achsenparalleler Anordnung kann in einem orthogonalen Koordinatensystem, in dem die beiden Sender die festen Koordinaten (x_1, y_1) und (x_2, y_2) besitzen, der Ort des Empfängers (x, y) aus den von ihm registrierten Spannungen durch Lösung der Gleichungen I und II bestimmt werden:

$$\text{(I)}\ (x - x_1)^2 + (y - y_1)\, r^2 = r_1^{\ 2}$$
$$\text{(II)}\ (x - x_2)^2 + (y - y_2)\, r^2 = r_2^{\ 2}$$

Dabei sind r_1 und r_2 die Abstände des Empfängers von den beiden Sendern. Die Abstände sind abhängig von den gemessenen Spannungen $U_i\,(r) = C/\,r_i^3$ (i = 1,..), wobei die Konstante C durch eine Systemeichung bestimmt wird. Im Falle von Verdrehungen der Empfängerspule ist neben den Koordinaten x und y der Verdrehungswinkel phi als dritte Unbekannte zu bestimmen. Hierzu ist ein drittes Sendersignal erforderlich. Zwischen dem Signal U, dem Abstand r und dem Verdrehungswinkel phi gilt für den Fall, daß der Abstand wesentlich größer als die Sendergröße ist, folgende Beziehung:

$$\text{(IV)}\ U_i\,(r,phi) = C * \cos\,(phi) \,/\, r_i^3\ (i = 1,..).$$

Durch Einsetzen von (IV) in

$$\text{(I)}\ (x - x_1)^2 + (y - y_1)\, r^2 = r_1^2$$
$$\text{(II)}\ (x - x_2)^2 + (y - y_2)\, r^2 = r_2^2$$
$$\text{(III)}(x - x_3)^2 + (y - y_3)\, r^2 = r_3^2$$

erhält man ein nichtlineares Gleichungssystem mit den drei Unbekannten x, y und cos (phi). Durch ein iteratives Näherungsverfahren mit einer Taylor-Entwicklung nach x, y und cos (phi) und Lösung eines linearen Gleichungssystems für dx, dy, dcos (phi) (Newton-Verfahren) können die Koordinaten des Meßpunktes, d.h. die Position der Empfängerspule, bestimmt werden. Im weiteren wird diese Koordinatenberechnung als Linearisierung und der Algorithmus als Linearisierungsalgorithmus bezeichnet. Im Fall der Nicht-Verdrehung der Empfängerspule schneiden sich die drei Kreise um die Senderspulen S_1, S_2, S_3 mit den aus den drei gemessenen Signalen U_1, U_2, U_3 berechneten Radien r_1, r_2, r_3 in dem Punkt, an dem sich die Empfängerspule befindet. Abb. 3.5 zeigt für den Fall der Verdrehung der Empfängerspule die schrittweise Berechnung des gemeinsamen Schnittpunktes. Da nach (IV) die gemessenen Signale durch die Verdrehung um den Faktor cos (phi) zu klein und die Radien zu groß sind, werden die Radien schrittweise so lange reduziert, bis sich die drei Kreise in einem Punkt schneiden. Dieser Punkt ist die tatsächliche Position der Empfängerspule. Abb. 3.6 zeigt exemplarisch die einzelnen Iterationsschritte des Algorithmus zur Koordinatenberechnung. In dem dargestellten Fall ergibt die dritte Iteration die Koordinaten des Schnittpunktes der drei Kreise. Bewegt sich die Empfängerspule im Magnetfeld, so können alle Punkte, die die Spule durchläuft, d.h. ihre Bewegungstrajektorie berechnet werden. Die räumliche Auflösung liegt im Hauptmeßbereich bei 0,24 mm. Die zeitliche Auflösung hängt von der Abtastrate des Empfängersignals ab, wobei in der vorliegenden Untersuchung Frequenzen von 500 Hz und 250 Hz verwendet werden. Das X-ray-microbeam-System arbeitet, vergleichsweise, mit einer Aufnahmefrequenz von 120- 170 Hz (Itoh, et al. 1980).

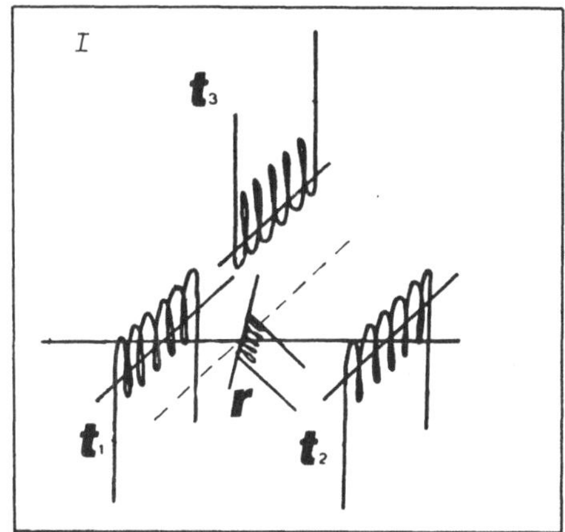

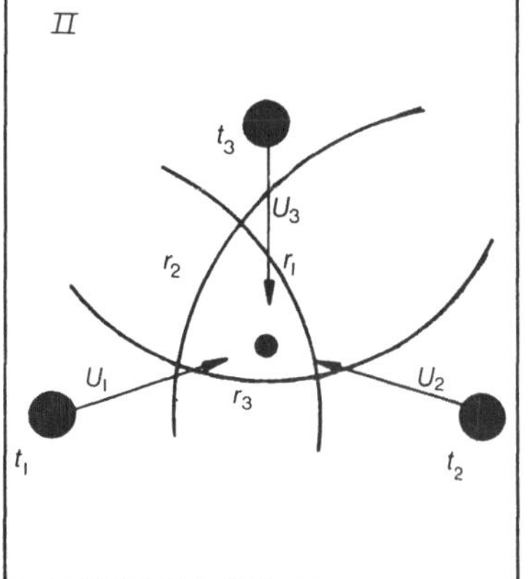

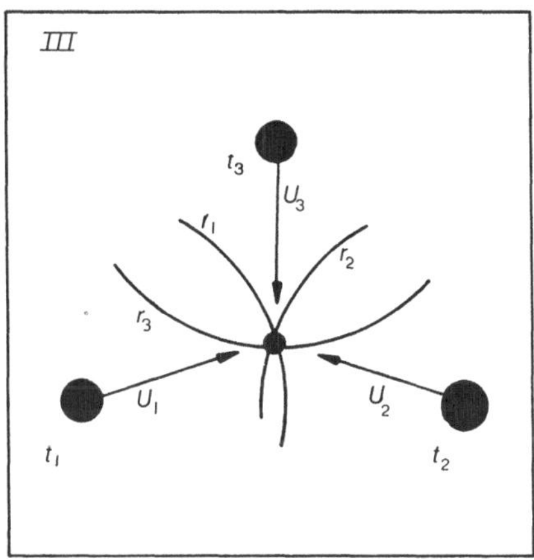

Abb. 3.5. Bei Verdrehung der Empfängerspule (I) Messung zu niedriger Spannungen und Berechnung zu großer Radien (II); Berechnung der Koordinaten des Meßpunktes durch schrittweise Reduktion der Radien um einen gemeinsamen Faktor (III)

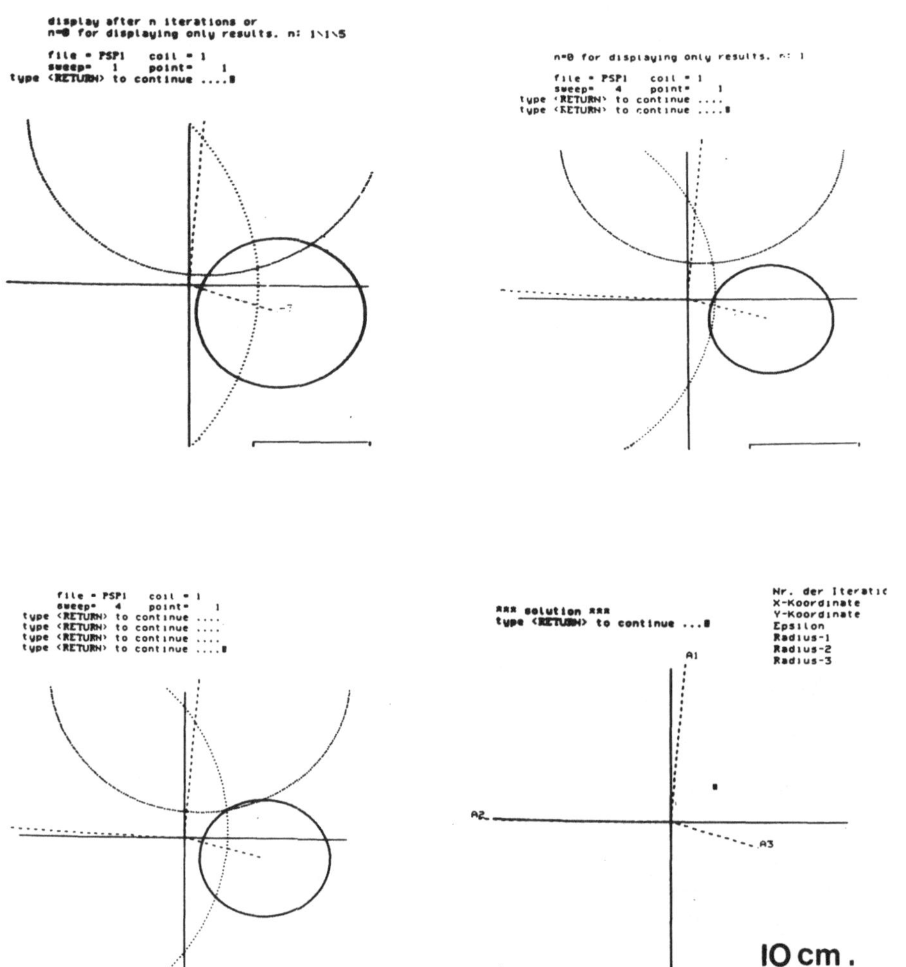

Abb. 3.6. Darstellung der einzelnen Iterationsschritte des Algorithmus zur Koordinatenberechnung. Im vorliegenden Fall ergibt die dritte Iteration die Koordinaten des Schnittpunktes der drei Kreise, d.h. die Koordinaten der Position der Empfängerspule

3.2 Technische Realisierung

Abb. 3.7 zeigt schematisch die einzelnen Funktionskomponenten der elektromagnetischen Artikulographie. Der Kopf der Versuchsperson wird in ein inhomogenes Magnetfeld gebracht, das von drei Senderspulen erzeugt wird. Die Senderspulen sind wegen des Meßprinzips achsenparallel und senkrecht zur Mediosagittalebene an genau ausgemessenen Punkten auf einer leichten, helmartigen Konstruktion aus dünnem Alumi-

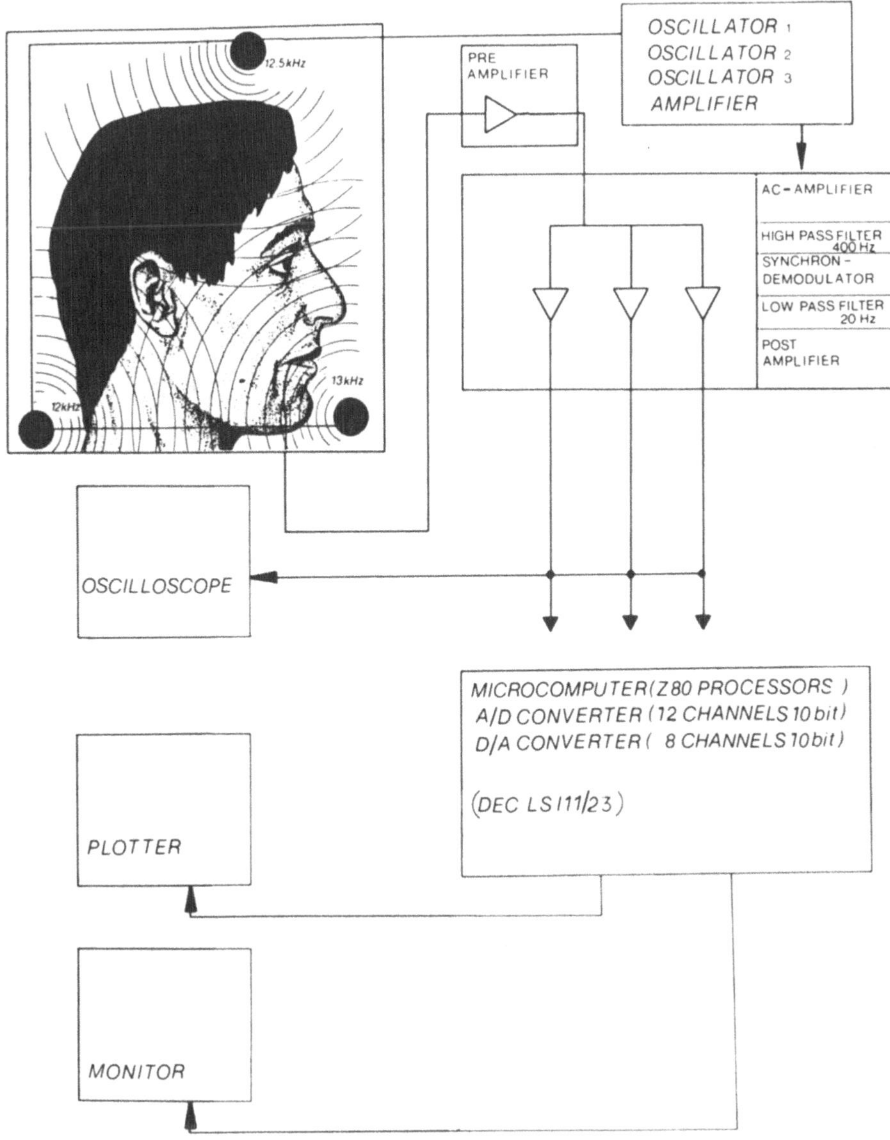

Abb. 3.7. Schematische Darstellung der einzelnen Funktionskomponenten der elektromagnetischen Artikulographie

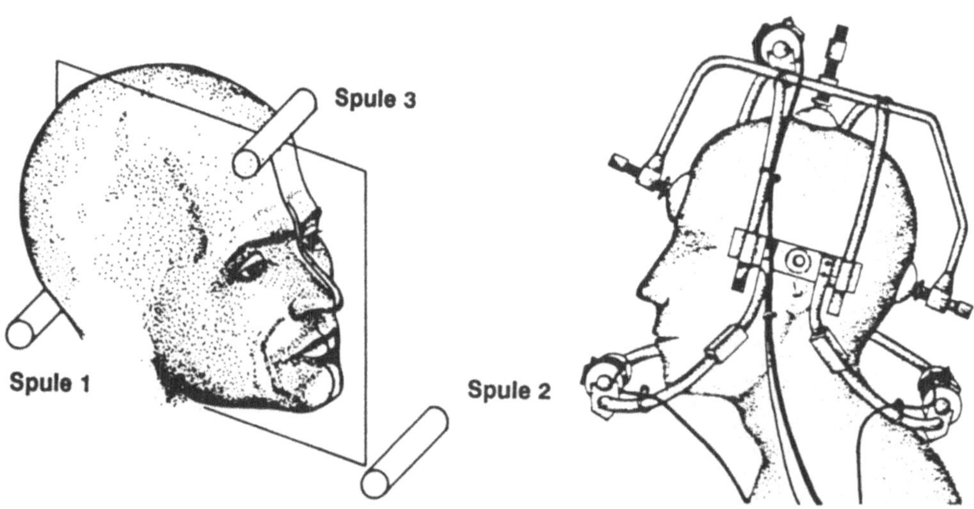

Abb. 3.8. A) Meßtechnische Anforderung der achsenparallelen Anordnung der Senderspulen in der Mediosagittalebene der Versuchsperson; **B)** ihre Realisierung in Form einer der individuellen Kopfform anpaßbaren Helmkonstruktion aus dünnen Aluminiumrohren; Fixierung mit Hilfe von sieben gummigepolsterten Aluminiumschrauben

niumrohren angebracht und werden vor dem Unterkiefer, vor der Stirn und im Nacken der Versuchsperson positioniert (Abb. 3.8). Der Helm wird auf dem Kopf der Versuchsperson durch sieben, an ihren Enden mit einer Gummipolsterung versehenen PVC-Schrauben festgehalten, so daß sich bei Kopfbewegungen das gesamte System mitbewegt und die Lagebeziehungen zwischen Kopf und Senderspulen konstant bleiben, was insbesondere bei Patienten mit hyperkinetischen Bewegungsstörungen im Kopfbereich von Bedeutung ist. Verwendet werden drei Sinusoszillatoren, deren Frequenzen im Bereich von 12 kHz um 800 Hz versetzt sind. Um die Drift der Senderamplituden klein zu halten, sind die Senderverstärker mit dem Spulenstrom gegengekoppelt. Kleine Empfängerspulen mit einer Länge von 3 bis 4 Millimeter und 2 Millimeter Durchmesser, die mit einem Weicheisenkern ausgestattet sind, werden am Meßpunkt, z.B. auf der Zungenspitze, achsenparallel zu den Senderspulen und senkrecht zur Mediosagittalebene angeklebt. Röntgenuntersuchungen mit Bleikügelchen vergleichbarer Größe zeigten, daß durch deren Verwendung keine Störung der Sprechbewegungen bzw. des akustischen Signals auftritt. Das magnetische Feld mit den drei verschiedenen Frequenzen induziert in den Empfängerspulen ein komplexes Signal, das im Analogteil jeweils zu drei analogen Signalen verarbeitet wird. Die Spannung, die in den Empfängerspulen induziert wird, liegt je nach Charakteristik der Empfängerspule und Intensität des Magnetfelds im Mikro- bis Millivoltbereich. Nach Vorverstärkung und weiterer Anhebung mit einem Wechselspannungsverstärker wird das Signal mit einem vierpoligen 400-Hertz-Hochpaßfilter gesiebt, um die möglicherweise störende Netzfrequenz und deren Oberwelle abzufangen. Die so verarbeiteten Signale werden zwölf Synchron-Demodulatoren zugeführt. Jedes der vier Signale wird mit den drei Senderfrequenzen in drei Demodulatoren verknüpft. Die zum Umschalten des phasenempfindlichen Gleichrichters (Synchron-Demodulator) notwendigen Rechtecksignale werden in den Sendern aufbereitet und zur Potentialtrennung über Optokoppler angeschaltet. Durch diese Schaltungsart (Lock-in-Verstärker) wird eine hochselektive Verstärkung mit einer hohen Störspannungsunterdrückung erreicht. Zur Gewinnung der eigentlichen Nutzsignale werden die Spannungen aus den Gleichrichtern über steile 20-Hz-Tiefpaßfilter geleitet und über Ausgangsverstärker an den A/D-Wandler des Auswerterechners angeschlossen. Basis des Digitalteils ist ein Mikrocomputer, der aus Euro-Platinen des ECB-Bussystems besteht und Standardplatinen (Z 80 Prozessor, Speicherkarte, Zeitgeber, 12-Kanal-Analog-Digital-Wandler und 8-Kanal-Digital-Analog-Wandler) umfaßt.

3.3 Systemkalibrierung

Für jede Empfängerspule wird vor jeder Messung zur Bestimmung der Multiplikationskonstanten C in $U_i = C \times r_i^{-p}$ (i=1,..) eine Systemeichung durchgeführt (C: Feldstärkenkonstante, p: Abnahme der Feldstärke mit der Entfernung r). Die Konstante stellt im wesentlichen den Verstärkungsfaktor für die drei, in der Empfängerspule induzierten Senderspannungen dar. Zur Eichung wird die jeweilige Empfängerspule in der Empfängerspulenhalterung fixiert, einem geometrisch exakt definierten und konstanten Ort im Helmsystem, der als Normkoordinatenursprung festgelegt wurde. Aus den bekannten Entfernungen des Koordinatenursprungs von den drei Senderspulen und den von den drei Senderspulen an diesem Ort in der Empfängerspule induzierten Spannungen kann die Konstante C bestimmt werden. Diese Eichung dient als Grundlage für die Berechnung der Koordinaten der Bewegungstrajektorien (Linearisierung). Im Rahmen der Systemkalibrierung wird zur Korrektur für den Grundabstand und zur Korrektur von Fehlern in der Elektronik der Systemoffset der drei am Systemnullpunkt induzierten Senderspannungen auf Null gebracht, da die konstanten System-offset-Spannungen im Voltbereich bis zu ca. 15 Volt, die Meßspannungen hingegen zum Teil im Mikro- und Millivoltbereich liegen.

3.4 Systemtestung

Verschiedene Eigenschaften des Systems wurden untersucht: 1) die magnetische Feldstärke entlang einer in der Mittellinie, senkrecht zur Senderspule liegenden Achse, d.h. die in einer Empfängerspule in Abhängigkeit von der Entfernung von der Senderspule induzierte Spannung; 2) die Genauigkeit bei der Entfernungsmessung und die Meßgenauigkeit bei Verdrehung der Empfängerspule; 3) die Auswirkungen verschiedener Faktoren auf die Meßgenauigkeit: a) die unmittelbare Nähe einer zweiten Empfängerspule, b) das Vorhandensein von Amalgamfüllungen im magnetischen Feld, c) das Vorhandensein von feinen EMG-Drähten im Magnetfeld.

Zur Ausmessung des Magnetfeldes wurde die Empfängerspule mit Hilfe einer Mikrometerschraube in der Mittellinie senkrecht zur Senderspule positioniert und in jeder der Positionen die Spannung nach Offset-Eliminierung mit einem Lock-in-Verstärker (5206 Two Phase Lock-In Analyzer EG & G Brockdeal Electron, Princeton Applied Research) bestimmt. Nach Logarithmierung von $U = C \times r^{-p}$ (C: Feldstärkekonstante, p: Abnahme der Feldstärke mit der Entfernung r) ergab die lineare Regressionsanalyse mit den gemessenen Spannungswerten und den eingestellten Entfernungen für p in $U = C \times r^{-p}$ Werte von 2.74. Die Korrelationskonstanten lagen über 0.98 als Hinweis darauf, daß der Exponent im Meßbereich im wesentlichen konstant ist. Daß der Exponent kleiner als drei ist, weist darauf hin, daß die Messungen im Übergang vom Nahfeld zum Fernfeld erfolgen (Kraus 1953). In der hier vorgestellten Version des Systems wurde bei der Koordinatenberechnung ein Exponent von drei verwandt, da die erreichte Meßgenauigkeit für die intendierte klinische Applikation ausreichend war. Für besondere Fragestellungen könnte zur Erhöhung der Meßgenauigkeit jedoch vor einer Messung eine Feldkalibrierung durchgeführt und der tatsächliche Wert des Exponenten bestimmt werden.

In einem alternativen Verfahren, das die aufwendige Feldkalibrierung umgeht, könnte eine Meßwertetabelle für die einzelnen Empfängerspulen erstellt werden, in der die Spannungswerte den entsprechenden Entfernungswerten zugeordnet sind; bei der Koordinatenberechnung würden dann die den jeweils gemessenen Spannungen zugeordneten Entfernungswerte abgelesen.

Zur Bestimmung der Genauigkeit der räumlichen Auflösung wurden die Empfängerspule mit Hilfe einer Mikrometerschraube vom Koordinatenursprung in der x- und y-Achse vorgeschoben und die jeweiligen Spannungswerte gemessen. Mit den bei der Systemkalibrierung bestimmten Eichkonstanten und mit den an den jeweiligen Meßpunkten gemessenen Spannungen wurden dann durch den Linearisierungsalgorithmus die Koordinaten der Meßpunkte berechnet und mit den bekannten, mit der Mikrometerschraube eingestellten Koordinaten verglichen. Die maximale Abweichung (maximale Differenz von eingestellter und errechneter Entfernung) betrug 0,024 cm. Damit ist die räumliche Auflösung besser als aus sprechphysiologischer Sicht erforderlich ist. Die sprechphysiologisch erforderliche Auflösung von 0,05 cm ergibt sich aus der Tatsache, daß bei der Bildung des Vokals /i/ die kleinste dorsoventrale Zungenbewegung am Ort der maximalen Konstriktion, die noch eine perzeptiv wahrnehmbare Änderung des akustischen Signals produziert, in diesem Bereich liegen kann.

Die Auswirkung von Verdrehungen der Empfängerspule auf die Meßgenauigkeit wurde mit Hilfe einer drehbaren Empfängerspulenhalterung untersucht, indem die Empfängerspule in der Transversalebene jeweils um 2 Grad bis +/- 20 Grad gedreht wurde, wobei sich eine maximale Abweichung von 0,047 cm ergab. Da bei Zungenverdrehungsbewegungen und bei verdrehter Anbringung der Empfängerspule auf der Zunge mit größeren Verdrehungswinkeln nicht zu rechnen ist, ist auch in diesen Situationen eine ausreichende Meßgenauigkeit gegeben.

Zur Prüfung von Amalgameffekten wurde ein Amalgamwürfel von 0,5 cm Seitenlänge 1,5 cm von der Empfängerspule entfernt positioniert, ohne daß sich Änderungen in der Meßgenauigkeit ergaben. Mögliche EMG-Effekte wurden geprüft, indem vom M. abductor pollicis brevis bei Positionierung der Hand unmittelbar neben der im Koordinatenursprung fixierten Empfängerspule abgeleitet wurde. Dabei wurden keine Abweichungen der Meßgenauigkeit beobachtet. Änderungen der Meßgenauigkeit ergaben sich auch nicht, wenn zwei Empfängerspulen auf 0,5 cm genähert wurden, so daß z.B. bei der Ableitung von Lippenbewegungen nicht mit einer Fehlmessung zu rechnen ist.

Insgesamt zeigt die Testung, daß das System Entfernungsmessungen mit einer Genauigkeit erlaubt, die größer ist als für die Untersuchung von Artikulationsbewegungen gefordert werden muß. Verdrehungen werden ausreichend kompensiert; Amalgamfüllungen, EMG-Ableitungen und Annäherung von Empfängerspulen auf 0,5 cm bleiben ohne Auswirkung auf die Meßgenauigkeit.

3.5 Auswahl der Meßpunkte

Bei der bewegungsphysiologischen Analyse der Sprechmotorik kommt es darauf an, die für die Artikulation bestimmter Laute relevanten Positionen auszuwählen. Auf Grund phonetischer Überlegungen (von Essen, 1978[5]; Meinhold u. Stock, 1980; Borden u. Harris, 1980; Ladefoged, 1975) und kinefluororadiographischer Einzeluntersuchungen (Wängler, 1976[6]) ist die Registrierung folgender Positionen anzustreben: 1) des Zungengrundes für die Analyse von palatalen und velaren Lauten; 2) der Zungenspitze für die Analyse alveolarer Laute; 3) der Oberlippe und der Unterlippe für labiale und la-

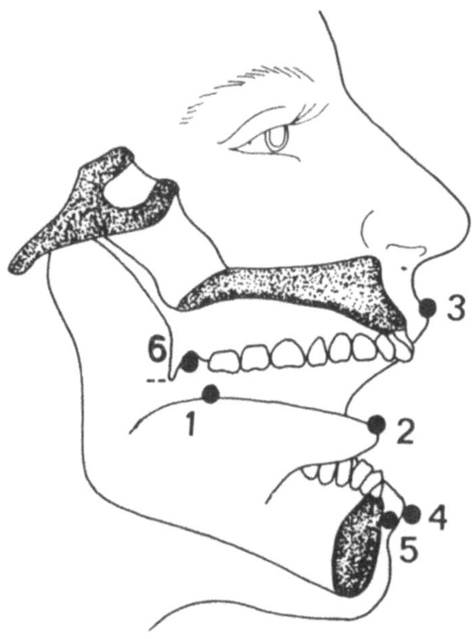

Abb. 3.9. Schematische Darstellung der für die Sprechbewegungen im Deutschen relevanten Artikulatorpositionen: 1) Zungengrund, 2) Zungenspitze, 3) Oberlippe, 4) Unterlippe, 5) Unterkiefer, 6) Gaumensegel

biodentale Laute; 4) des Gaumensegels für die Öffnungs- und Verschlußbewegungen bei nasalen und nichtnasalen Lauten; 5) des Unterkiefers für alle Laute, da alle Zungen- und Unterlippenbewegungen wegen ihrer Verbindung mit dem Unterkiefer nur relative Bewegungen darstellen. In Abb. 3.9 sind die einzelnen Registrierpunkte schematisch dargestellt.

3.6 Auswahl der Empfängerspulen

Die Meßpunkte weisen eine unterschiedliche Entfernung zu den einzelnen Senderspulen auf, so daß entsprechend der deswegen unterschiedlichen Magnetfeldstärke in den Empfängerspulen eine sich um einige Faktoren unterscheidende Spannung induziert wird. Während die Empfängerspulen im Bereich der Lippen und des Unterkiefers in allernächster Nähe zu der vorderen Spule mit einem entsprechend starken Empfang liegen, weisen die Empfängerspulen im Bereich des Zungengrundes einen starken Empfang von der hinteren Spule auf. Auf Grund dieser Situation wurden Empfängerspulen mit unterschiedlich starken Induktivitäten ausgewählt: für die Unterkieferposition mit einer Induktivität von 330 mikroH und einem Gleichstromwiderstand von 37 Ohm, für die Zungenspitzen-und Zungengrundpositionen und den Gaumen mit einer Induktivität von 220 mikroH und einem Gleichstromwiderstand von 23 Ohm und für die Lippenposition mit einer Induktivität von 50-100 mikroH und einem Gleichstromwiderstand von 12 Ohm (Fa. Piconics Inc., Tyngsboro, USA). Es handelt sich um mehrlagig gewickelte Spulen, die zur Anpassung der Induktivität mit oder ohne Ferritkern verwendet werden können. Die Größe der verwendeten Spulen liegt zwischen 3,9 mm x 1,5 mm x 1,5 mm und 4,6 mm x 1,8 mm x 2,3 mm (Länge x Breite x Tiefe). Die Isolierung der Spulen bereitete wegen der Aggressivität des verwendeten Gewebeklebers (Histoacryl blau, Fa. Braun, Melsungen) besondere Schwierigkeiten. Nach zahlreichen Versuchen mit verschiedenen Materialien bewährte sich schließlich die Einbettung der Spulen in einem Epoxid-Gießharz (Rütapox, niedrigvisköses Harz auf Bisphenol-A-Basis und Härtungsmittel ESG, Fa. Bakelite, Duisburg; Mischungsverhältnis Harz:Härter von 100:34,5 Volumenteilen mit 10 ml Harz zu 3,45 ml Härter, Aushärtungsdauer ca. 20 Stunden).

Die Empfängerspulen sind über dünne, teflonummantelte und nach Austritt aus dem Mund abgeschirmte Kupferdrähte (Durchmesser 0,05 mm) mit dem Vorverstärker verbunden. Wegen der Aggressivität des Gewebeklebers war eine ausreichende Isolierung nur mit einer Teflonummantelung zu erreichen.

3.7 Fixierung der Empfängerspulen

Bei der Registrierung von Zungenbewegungen ergibt sich die Notwendigkeit, die Empfängerspulen auf der speichelnassen Schleimhaut der Zunge über eine längere Zeit von annähernd einer halben Stunde bis anderthalb Stunden zu fixieren. Nach Versuchen mit verschiedenen Fixierungsmöglichkeiten bewährte sich die Verwendung von Histoacryl blau (Firma Braun, Melsungen), das als Monomer vorliegt und in Gegenwart der Anionen und tertiären Aminen des Speichels in wenigen Sekunden polymerisiert. Nach relativer Trocknung der Klebestelle genügten einige Tropfen des Klebers, die Empfängerspulen zu fixieren. Die Haltedauer lag im Durchschnitt bei 60 bis 70 Minuten, maximal bei 130 Minuten. Kürzere Haltedauern wurden bei Verwendung bereits länger geöffneter Kunststoffampullen beobachtet. Die Spulen ließen sich nach einstündiger Fixierung leicht mit einem Holzstäbchen ablösen, ohne daß makroskopisch Gewebeläsionen auftraten. Bei Verwendung frischen Klebematerials wurde auch bei Hypersalivation kein vorzeitiges Ablösen beobachtet. Problematisch erwies sich der Kleber nur wegen seiner besonderen Aggressivität, da der Lack von Drahtisolierungen angegriffen wird und daher die Verwendung von teflonummantelten Drähten erforderlich wurde.

3.8 Auswahl eines geeigneten Referenzsystems

Mit dem vorgestellten System der elektromagnetischen Artikulographie können im Gegensatz zu den meisten anderen, oben beschriebenen Verfahren absolute Entfernungen gemessen und die Koordinaten von einzelnen Positionen direkt bestimmt werden. Diese Koordinatenbestimmung erfolgt in einem kartesianischen Koordinatensystem, dessen Ursprung in den vorderen Bereich des durch die Senderspulen S_1, S_2, S_3 gegebenen Dreiecks gelegt wurde, da dieser Bereich im Mundraum liegt und den Hauptmeßbereich repräsentiert (Abb. 3.10). Dieses Koordinatensystem stellt jedoch im Hinblick auf die In-vivo-Messungen im Kopfbereich ein externes Koordinatensystem dar, das zunächst noch keinen definierten und bewegungsphysiologisch sinnvollen Bezug zum Untersuchungsobjekt, dem menschlichen Schädel und den Artikulationsorganen, aufweist. Da bei wiederholtem Aufsetzen der Helm nicht jedes Mal in identischer Relation zum Schädel angebracht werden kann, würden für einen bestimmten Punkt am Schädel bei einer zweiten Messung unterschiedliche Koordinaten berechnet. Bei einer Parallelverschiebung des Helms um x_0 und y_0 ergeben sich die Koordinaten $x' = x - x_0$ und $y' = y - y_0$, bei einer Rotation des Helms um den Winkel alpha die Koordinaten $x' = x \cos(\text{alpha}) + y \sin(\text{alpha})$ und $y' = -x \sin(\text{alpha}) + y \cos(\text{alpha})$. Würde andererseits im Fall der Bewegungsregistrierung eines Punktes etwa auf dem Unterkiefer bei repetitiver Produktion von /pa/ der Bewegungsablauf ein zweites Mal und daher mit unterschiedlichen Helmpositionen registriert, so würden sich – Abb.

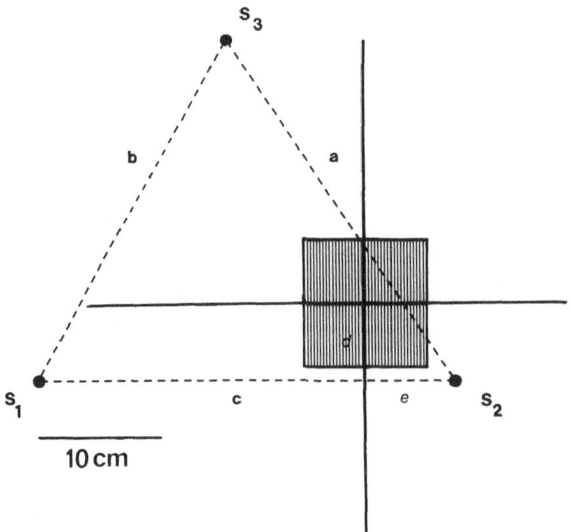

Abb. 3.10. Festlegung des Koordinatensystems in dem durch die drei Senderspulen S1, S2, S3 definierten Dreieck (a = 336,0 mm, b = 326,0 mm, c = 346,3 mm). Der Ursprung des Koordinatensystems liegt im Mundraum, dem Hauptarbeitsbereich (d = 63,0 mm, d = Abstand der x-Achse von S1S2; e = 75,0 mm, e = Länge des Lotes von S2 auf die y-Achse). Das schraffierte Quadrat mit einer Länge von 10 cm stellt den Bezugsrahmen dar, in den die Bewegungstrajektorien geplottet werden

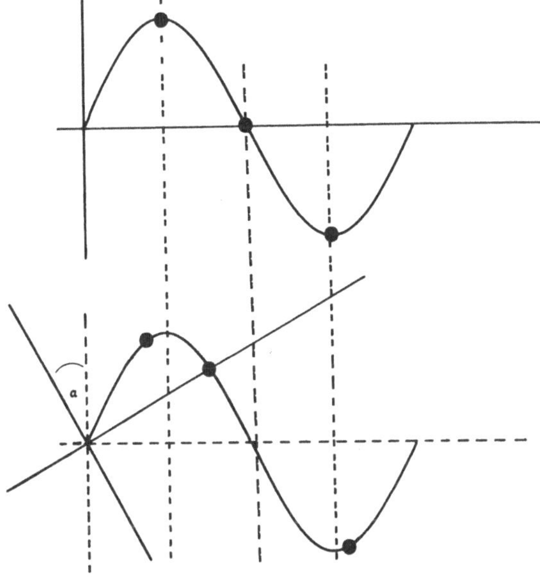

Abb. 3.11. Als Sinuskurve idealisierte Kieferöffnungsbewegung bei Produktion von /pa/ in zwei unterschiedlichen kartesianischen Koordinatensystemen registriert. Es ergeben sich unterschiedliche Nulldurchgänge, Maxima, Minima und unterschiedliche Latenzen

3.11 stellt diese Bewegung schematisch dar – nicht nur die gemessenen Amplituden der Kieferöffnungsbewegung, sondern auch die Zeiten zwischen zwei identischen Punkten unterscheiden. Dies bedeutet, daß für die identische Bewegung bei der zweiten Messung andere Bewegungsamplituden, andere Nulldurchgänge und unterschiedliche Latenzen zwischen zwei identischen Punkten gemessen würden. Letzteres darf aber insbesondere bei der Untersuchung zeitlicher Koordinationsphänomene nicht der Fall sein. Wegen der interindividuellen Vergleichbarkeit der Untersuchungsergebnisse und vor allem wegen der klinischen Anforderung, an ein und demselben Patienten mehrfache Untersuchungen durchführen und die Ergebnisse der einzelnen Untersuchungen miteinander vergleichen zu können, ist es notwendig, den durch die unterschiedliche Helmpositionierung bedingten Fehler korrigieren zu können. Auf Grund dieser Überlegungen ergibt sich die Notwendigkeit, ein jederzeit wieder "auffindbares" Koordinatensystem zu definieren. Bei den bisherigen Verfahren wurde diese Problematik nicht thematisiert, wohl deswegen, weil Mehrfachuntersuchungen nicht möglich waren (Kent u. Moll, 1972; Gay, 1974; Lindblom u. Sundberg, 1971).

Eine zunächst versuchte Methode, bei der eine annähernd vertikale Linie, definiert durch den Subnasalpunkt und die Kinnprominenz, als Referenz verwandt wurde, wurde wieder aufgegeben. Diese Punkte sind zwar für eine bestimmte Versuchsperson bei weiteren Versuchen mit ausreichender Genauigkeit reproduzierbar, interindividuelle Vergleiche sind jedoch kaum möglich, da, bedingt durch anatomische Variationen und Anomalien, wie Pro- und Retrogenie, Pro- und Retrognathie, offener und tiefer Biß

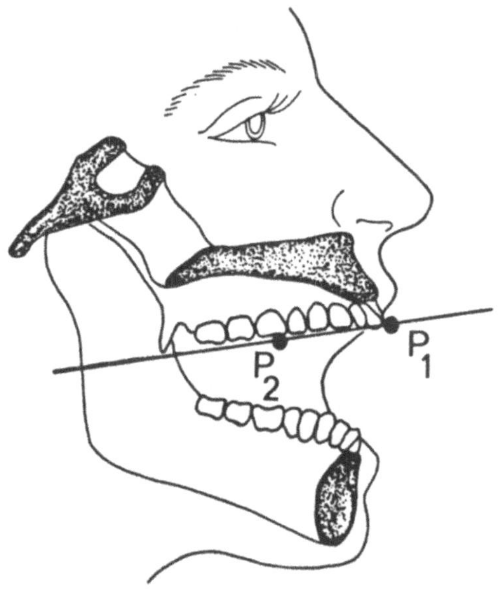

Abb. 3.12. Festlegung eines intraindividuell konstanten Koordinatensystems. P1, Berührungspunkt der Schneidekanten der beiden mittleren oberen Schneidezähne, P2, Punkt in der Mediosagittallinie in Höhe der Klusionsebene im Bereich der Unterseite der zweiten Oberkiefermolaren. Beide Punkte definieren die individuelle Abszisse

und Unterschiede im Weichteilprofil, zum Teil wesentliche Lageunterschiede beider Punkte zustandekommen.

Als alternative Referenz wurde dann eine Ebene erprobt und im weiteren beibehalten, die durch die Verbindung vom Inzisalpunkt (Berührungspunkt der Schneidekanten) der beiden mittleren oberen Schneidezähne (P_1) zum distobukkalen Höcker der zweiten Oberkiefermolaren definiert ist und im weiteren mit Klusionsebene bezeichnet wird, in Anlehnung an die in der Zahnmedizin übliche, jedoch etwas anders definierte Okklusionsebene. Letztere läuft parallel zur Camperschen Ebene, der Verbindung von Spina nasalis anterior und Unterrand des Porus acusticus externus bzw. der Verbindung Subnasalpunkt und Tragus (Lehmann, 1979). Praktisch wird diese Klusionsebene folgendermaßen bestimmt: eine Empfängerspule wird auf einem T-förmigen PVC-Spatel in der Mittellinie (markiert durch eine eingefräste Rinne) aufgeklebt und am Approximalkontakt der beiden oberen Schneidezähne positioniert (P_1). Während der Registrierung wird der Spatel von der Versuchsperson durch Zubeißen fixiert (Abb. 3.12). Zur Registrierung eines zweiten Punktes (P_2) wird die Spule nach intraoral bis in den Bereich des zweiten Molaren eingeführt und in der Mediosagittalebene positioniert, indem die Fräßrinne am Approximalpunkt der mittleren oberen Schneidezähne ausgerichtet wird. Während der Registrierung erfolgte die Fixierung wiederum durch Zubeißen auf den Spatel. Die durch die beiden Punkte P_1 und P_2 definierte Linie wird als individuelle, interne Abszisse (im Gegensatz zur externen Abszisse des Helmsystems) verwandt. Durch eine Rotationstransformation um den Winkel, den die individuelle Abszisse gegenüber der Abszisse des Helmsystems auf

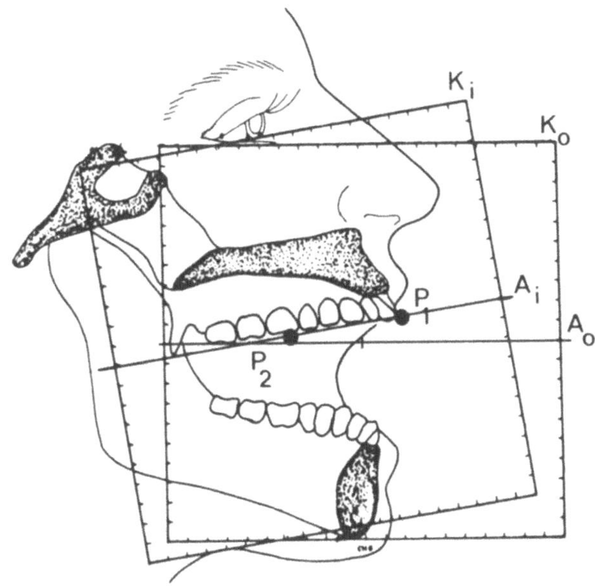

Abb. 3.13. Willkürlich definiertes Koordinatensystem des Helmsystems K0 (hier in Form eines Quadrats um den Ursprung dargestellt; siehe auch Abb. 3.10) mit Abszisse A0; individuelle Festlegung des Punktes P1 und des Punktes P2. Die Koordinaten von P1 und P2 werden aus den in diesen Punkten gemessenen Spannungen im System-Koordinatensystem K0 bestimmt; die Linie durch P1 und P2 definiert die individuelle Abszisse (Ai). Durch eine Winkelrotation um den Winkel, der durch die beiden Abszissen definiert wird, wird das Koordinatensystem K0 in das individuelle Koordinatensystem Ki transformiert

weist, kann das externe Koordinatensystem in ein individuelles Koordinatensystem mit der Unterkante der oberen Molaren als Abszisse überführt werden (Abb. 3.13).

Dieses Vorgehen weist besondere Vorteile auf: Erstens sind die beiden Punkte intraindividuell, auch bei Patienten, jederzeit, leicht und mit großer Genauigkeit reproduzierbar, zweitens ist die durch die beiden Punkte definierte Linie sprechphysiologisch sinnvoll, und drittens werden wegen der konstanten Ausprägung der Punkte interindividuelle Vergleiche möglich. Bei einer zweiten Messung werden die beiden

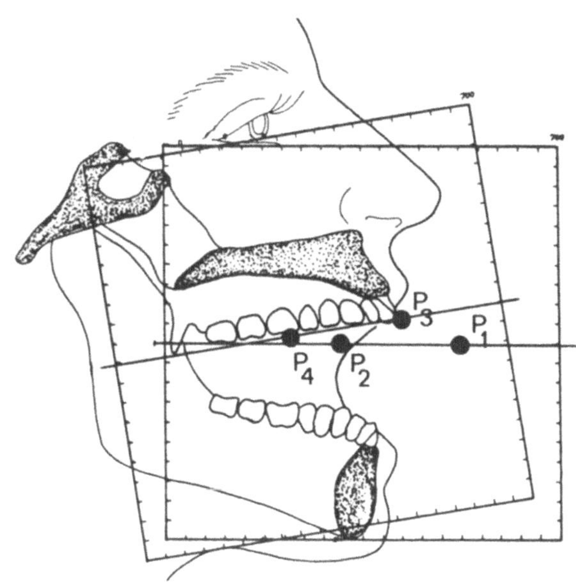

Abb. 3.14. Bei jeder neuen Messung, die in der Regel mit einer von der ersten Messung verschiedenen Helmposition und damit in einem anderen Koordinatensystem erfolgt, müssen erneut der Punkt in der Mediosagittallinie vor den oberen Schneidezähnen, Position P3, und ein Punkt in Höhe der Unterkante der oberen Molaren, Position P4, registriert und die Koordinaten von P3 und P4 in K0 berechnet werden. Da P1 und P3 bei jeder Untersuchung identisch sind und da der Verdrehungswinkel des Helms als Winkel zwischen den Geraden P1 P2 und P3 P4 bestimmt werden kann, lassen sich die Koordinatensysteme durch eine Translations- und Rotationstransformation ineinander überführen. Die registrierten Positionen und Bewegungsbahnen verschiedener Untersuchungen können so normalisiert und verglichen werden

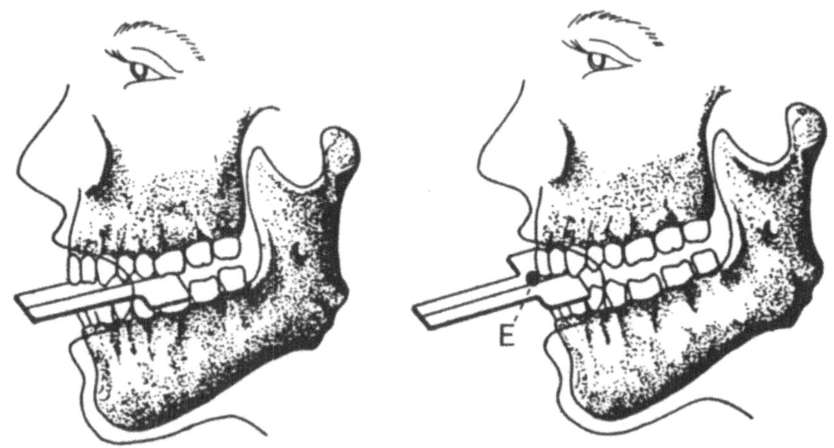

Abb. 3.15. Technik der Registrierung der Bezugspunkte zur Festlegung der individuellen Abszisse; Befestigung einer Empfängerspule (E) auf einem Plastikspatel und Registrierung von P1 (Berührungspunkt der Schneidekanten der beiden mittleren oberen Schneidezähne) und P2 (Punkt in der Mediosagittallinie in Höhe der Klusionsebene im Bereich der zweiten Oberkiefermolaren)

Punkte erneut registriert und die Punkte P_1, P_1' sowie die durch P_1, P_2 und P_1', P_2' definierte Linie zur Deckung gebracht und das Ausmaß der Translation und Rotation bestimmt. Durch eine Rotations- und Translationstransformation können die Koordinatensysteme K und K' ineinander überführt werden, so daß jederzeit ein identisches individuelles Koordinatensystem erstellt werden kann (Abb. 3.14). Abb. 3.15 demonstriert die Technik der Registrierung der beiden Punkte für die Definition der Abszisse mit

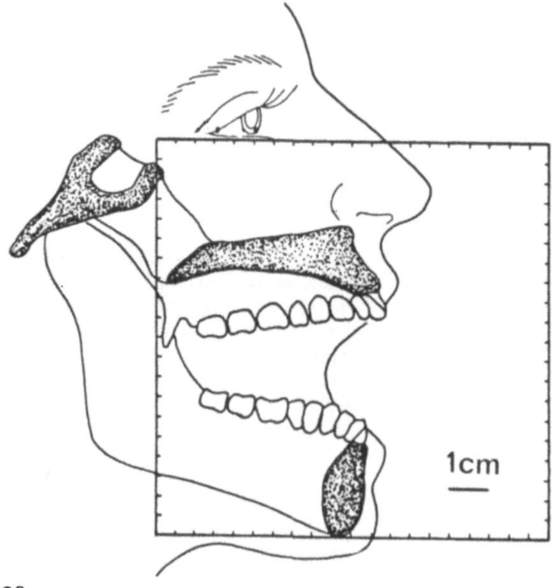

Abb. 3.16. Bezugsrahmen um den Koordinatenursprung, in den alle Positionen und Bewegungstrajektorien eingetragen werden; Seitenlänge jeweils 20 cm; Darstellung der Bewegungen in zweifacher Vergrößerung

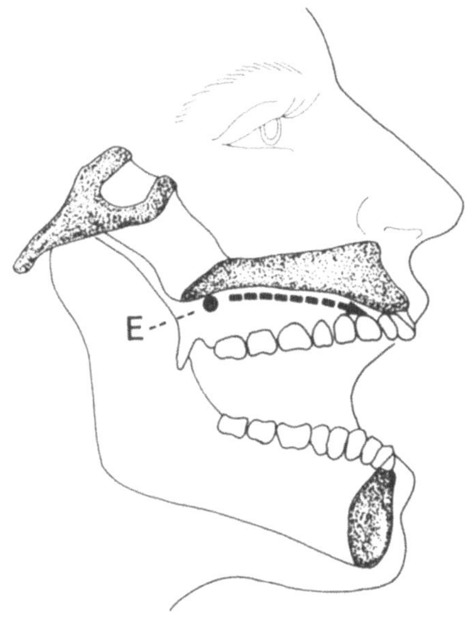

Abb. 3.17. Registrierung der Gaumenkontur: der Untersucher fährt mit einer Empfängerspule (E), die auf dem Zeigefinger aufgeklebt wird, die Gaumenkontur ab

Hilfe eines Plastikspatels, auf den eine Empfängerspule aufgeklebt ist. Bewegungen nach oberhalb oder nach unterhalb von der so festgelegten Abszisse stellen interindividuell Superior/Inferior-Bewegungen, Bewegungen entlang der Abszisse Anterior/Posterior-Bewegungen dar.

Für die x/y-Darstellung der Bewegungen wurde ein quadratischer Rahmen von 20 x 20 cm um den Koordinatenursprung gewählt (Abb. 3.16), in dem alle Bewegungen mit einer zweifachen Vergrößerung dargestellt werden. In allen Abbildungen entsprechen zwei Teilstriche des Rahmens einem Zentimeter. Bei Verwendung eines anderen Maßstabes wird dieser jeweils angegeben.

Wegen der sprechphysiologischen Bedeutung des Gaumens und wegen der besseren Anschaulichkeit der Beziehung der Zungenbewegungen zum Gaumen wurden Möglichkeiten der zusätzlichen Registrierung des Gaumens erprobt. Als einfachste Methode bewährte sich vor allem bei Patienten das Abfahren des Gaumens mit einer Spule, die auf dem Zeigefinger fixiert ist (Abb. 3.17). Diese Art der Gaumendarstellung ermöglicht dem Kliniker und dem mit dem Verfahren Nicht-Vertrauten eine sofortige Orientierung und Zuordnung der untersuchten Bewegungsabläufe.

4 Praxis der elektromagnetischen Artikulographie

Nachdem im vorangehenden Kapitel die methodischen Aspekte der elektromagnetischen Artikulographie im Detail dargestellt wurden, sollen im folgenden Aspekte der praktischen Anwendung des Verfahrens, wie sie sich aus der Erfahrung bei der Untersuchung von gesunden Sprechern und Patienten mit Sprechstörungen ergaben, im Vordergrund stehen.

4.1 Simultane Registrierung mehrerer intra- und extraoraler Artikulatorpositionen

Der Artikulograph erlaubt die simultane und fortlaufende Registrierung mehrerer Artikulatorpositionen innerhalb und außerhalb des Mundraumes. In der vorgestellten Version konnten zwei Meßpunkte abgeleitet werden. Die Beschränkung auf zwei Meßpunkte ergab sich aus der zur Verfügung stehenden Rechnerkonfiguration und nicht aus konzeptuellen oder praktischen Aspekten des Verfahrens der elektromagnetischen Artikulographie. Eine vierkanalige Version, die durch Integration eines leistungsstarken Mikrocomputers möglich wurde, befindet sich derzeit in Erprobung (mit Unterstützung des Bundesministeriums für Forschung und Technologie).

Die Qualität der Registrierung der einzelnen Artikulatorpositionen wird aus den Abbildungen 4.1 bis 4.5 ersichtlich. Abbildung 4.1 zeigt in einer x/y-Darstellung die Trajektorien des Zungengrundes und des Unterkiefers bei der fünffachen Produktion von /ka/[1]. Der obere Umkehrpunkt mit Gaumenkontakt entspricht dem Verschluß des Vokaltraktes während des /k/, der untere Umkehrpunkt der Zungenlage während des /a/. Abbildung 4.2 ist ein Artikulogramm der Zungenspitze während der fünffachen Produktion von /sa/, der Meßpunkt liegt 1 cm dorsal der eigentlichen Zungenspitze. Deutlich zu sehen ist bei der Produktion des Reibelautes /s/ die für die Entstehung der Luftturbulenzen erforderliche Spaltbildung zwischen Gaumen und Zungenspitze (oberer)

----

1) Das Wortmaterial erscheint zur besseren Abgrenzung vom übrigen Text in Schrägstrichen; auf die Verwendung von phonetischen Transkriptionszeichen wurde bis auf das Zeichen für den Murmelvokal (Schwa) /ə / verzichtet. Der Murmelvokal steht für ein unbetontes /e/ wie in /Puppe/.

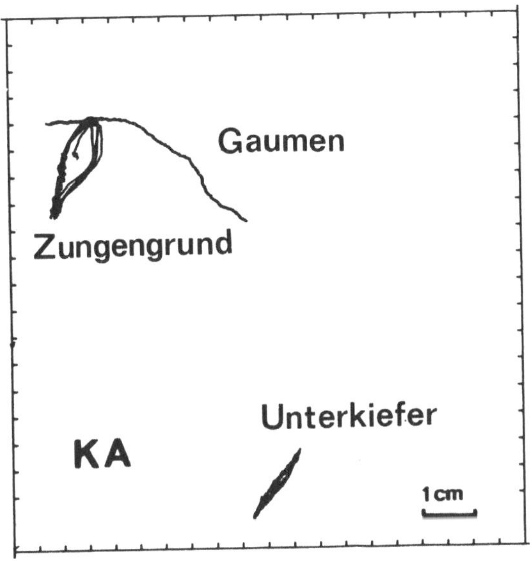

Abb. 4.1. x/y-Plot: Trajektorien des Zungengrundes und des Unterkiefers während der fünffachen Produktion von /ka/. Oberer Umkehrpunkt mit Gaumenkontakt: Verschluß des Vokaltraktes während des /k/, unterer Umkehrpunkt: Zungenlage während des /a/

Umkehrpunkt der Trajektorien). Abbildung 4.3 zeigt die Gaumensegelbewegung während der fünffachen Produktion von /ang/ und Abbildung 4.4 die Bewegungen der Ober- und Unterlippe bei der Äußerung von /küssen/. Die Oberlippe führt eine reine Protrusionsbewegung während des /ü/ aus, die Unterlippe bewegt sich hingegen nach vorne und nach unten, der Bewegung des Unterkiefers folgend. Eine zeitabhängige Darstellung (x (t), y (t)) der vordersten Zungenspitze bei der Produktion des rollenden Zungenspitzen-R ist in Abbildung 4.5 dargestellt. Es handelt sich um eine der schnellsten Artikulationsbewegungen, die Frequenz liegt im vorliegenden Fall bei 27 Hertz.

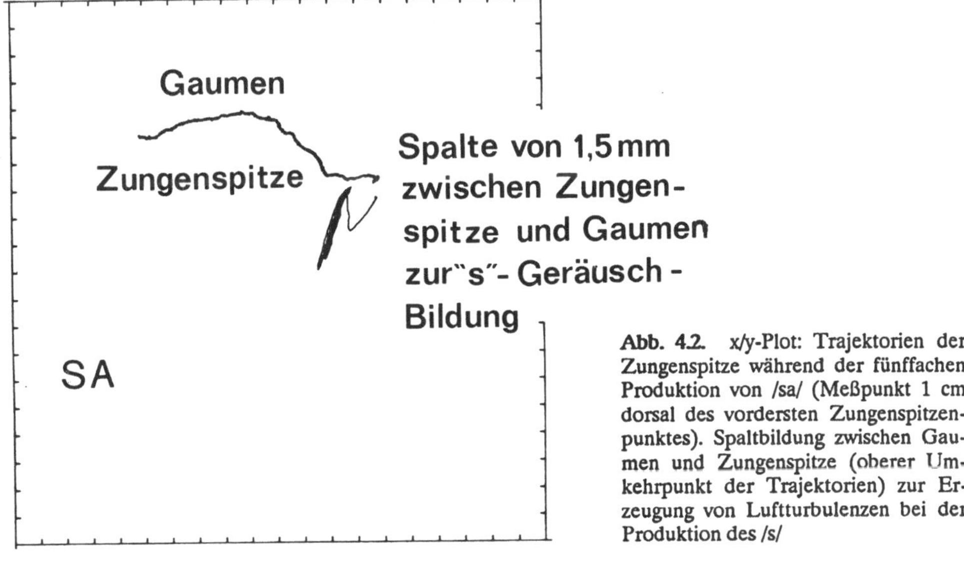

Abb. 4.2. x/y-Plot: Trajektorien der Zungenspitze während der fünffachen Produktion von /sa/ (Meßpunkt 1 cm dorsal des vordersten Zungenspitzenpunktes). Spaltbildung zwischen Gaumen und Zungenspitze (oberer Umkehrpunkt der Trajektorien) zur Erzeugung von Luftturbulenzen bei der Produktion des /s/

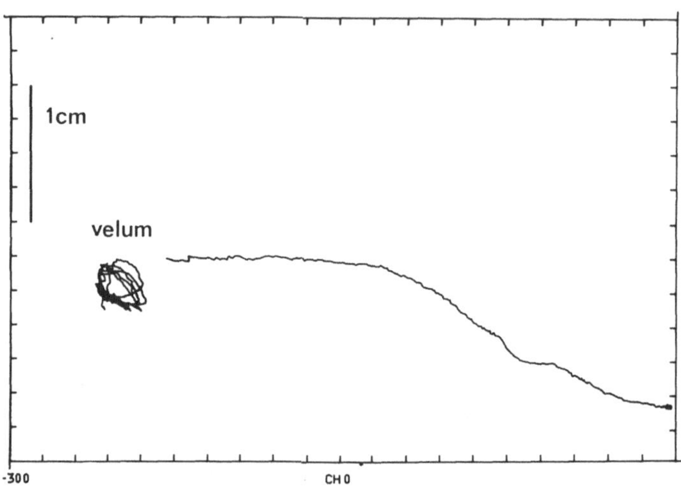

Abb. 4.3. x/y-Plot: Trajektorien der Gaumensegelbewegung bei der fünffachen Produktion von /ang/

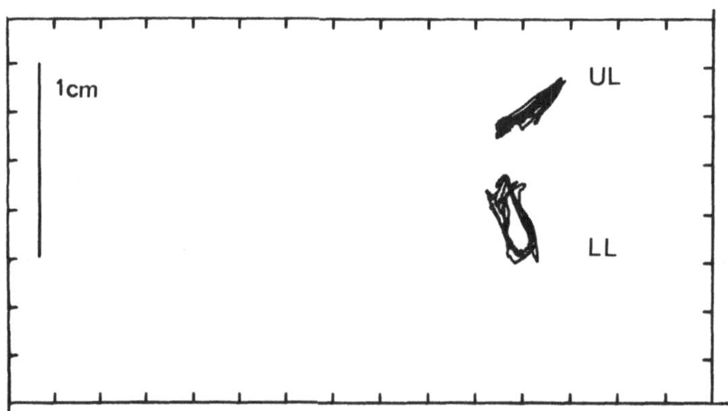

Abb. 4.4. x/y-Plot: Trajektorien der Lippenbewegung bei der fünffachen Produktion von /küssen/. Protrusionsbewegung der Oberlippe (UL), Protrusions- und Abwärtsbewegung der Unterlippe (LL)

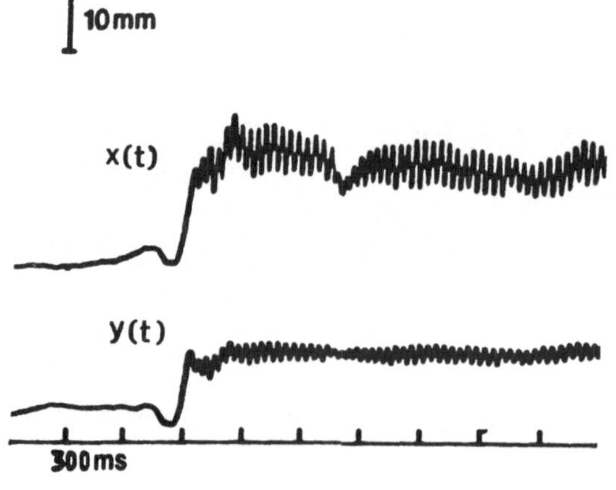

Abb. 4.5. Zeitabhängige x(t) und y(t) Darstellung der Zungenspitzenbewegung bei der Produktion des rollenden Zungenspitzen-R, mit 27 Hertz eine der schnellsten Artikulationsbewegungen

4.2 Meßgenauigkeit

Die "Werkbank"-Untersuchung der Meßgenauigkeit des Verfahrens ergab eine räumliche Auflösung bis 0,024 cm. Damit werden die sprechphysiologischen Anforderungen von 0,05 cm übertroffen. Ein Außenvergleich mit einer zweiten Methode konnte während des Sprechvorgangs nicht durchgeführt werden, da es außer dem japanischen Mikro-Röntgenstrahlverfahren keine adäquaten Untersuchungsmethoden gibt und die Aufzeichnung eines Röntgenfilms wegen der Strahlenbelastung nicht vertretbar war.

Bei der Registrierung der Gaumenkontur war jedoch ein Vergleich mit einer Kontrollmethode möglich. Mit Hilfe von Alginat, einem in der Zahnmedizin gebräuchlichen Abformmaterial hoher Abformgenauigkeit (0,075 mm) (Schwenzer u. Grimm, 1982), wurden Abdrucke und Hartgipsausgüsse des Oberkiefers gewonnen. Nach Abschleifen des ausgehärteten Gipsmodells bis zur Medianebene ließen sich die artikulographisch registrierten Gaumenkonturen mit den Gipsmodellen direkt vergleichen. Bei 18 Probanden wurden so die unterschiedlich gewonnen Gaumenkonturen verglichen. Abbildung 4.6 zeigt exemplarisch bei vier Versuchspersonen eine Gegenüberstellung von Gaumenplots und Gipsmodellen. Bei 10 der 18 Probanden ergab sich inspektorisch eine exakte Übereinstimmung im gesamten registrierten Gaumenverlauf. Bei den anderen 8 Probanden fanden sich entweder Abweichungen im posterioren Bereich, die durch das Nachobendrücken des weichen Gaumens beim Abfahren des Gaumens ent-

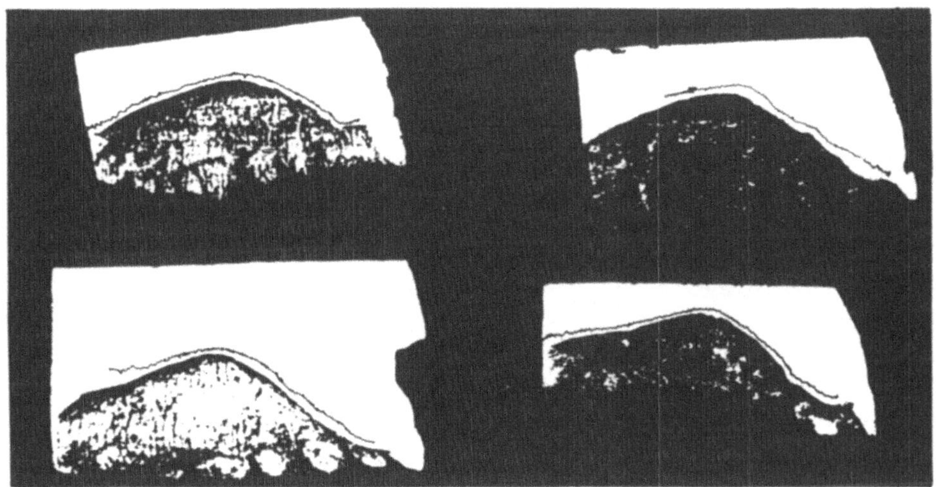

Abb. 4.6. Gegenüberstellung der artikulographisch registrierten Gaumenkonturen und der entsprechenden Gipsmodelle

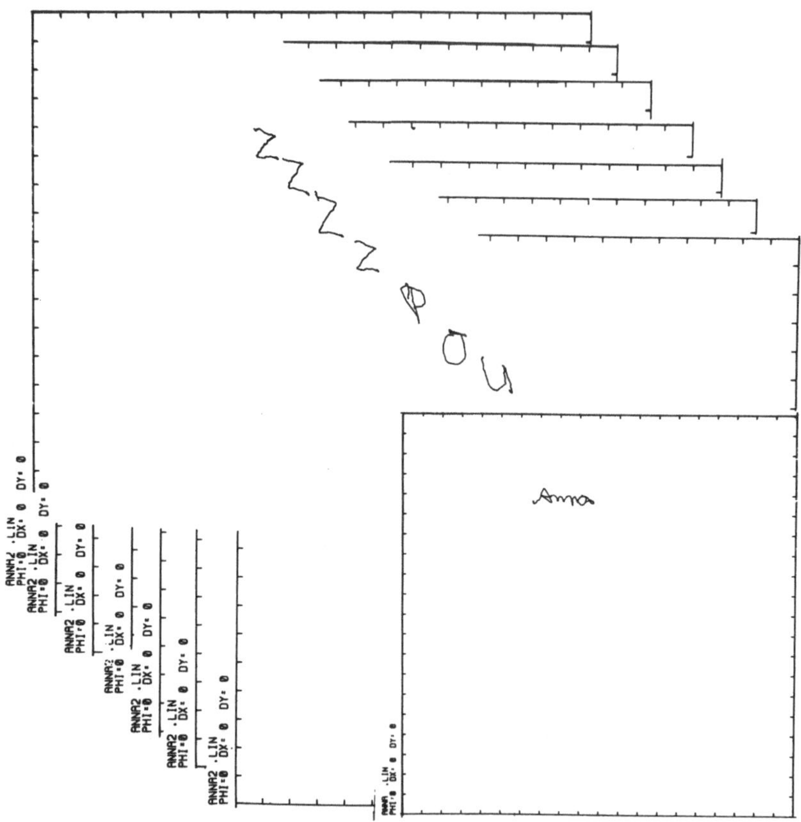

Abb. 4.7. Schreibversuche mit einer auf einer Bleistiftspitze befestigten Empfängerspule im Helmsystem vermitteln einen anschaulichen Eindruck von der Genauigkeit des Verfahrens

standen, oder im anterioren Gaumenverlauf, die durch Abgleiten der Spule auf den Rugae palatinae oder die Papilla incisiva verursacht wurden.

Einen anschaulichen Eindruck von der Genauigkeit des Verfahrens zeigen "Schreibproben", die dadurch gewonnen wurden, daß mit einer auf einer Bleistiftspitze befestigten Empfängerspule in der Mediosagittalebene des Helmes geschrieben wurde (Abbildung 4.7).

4.3 Interferenz mit dem Sprechvorgang

Eine Interferenz mit dem Sprechvorgang im Deutschen wurde auf Befragung hin weder von den untersuchten gesunden Sprechern noch von den Patienten angegeben. Selbst die Produktion eines Zungenspitzen-R, einem Laut mit der schnellsten Artikulatorbewegung (um 27 Hz), bei dem eine Interferenz mit der auf der Zungenspitze fixierten Spule am ehesten zu erwarten gewesen wäre, konnte ohne Störung der Lautbildung durchgeführt werden (Abbildung 4.5). Es zeigten sich lediglich bei einer amerikanischen Sprecherin geringe Störungen der Produktion des /th/ bei Fixierung der Spule auf der Oberseite der Zungenspitze, bei Fixierung auf der Zungenspitzenunterseite traten die Störeinflüsse nicht mehr auf. Von den untersuchten russischen und chinesischen Sprechern (Hong, 1986) wurden ebenfalls keine wesentlichen Interferenzen angegeben.

Geringe Probleme ergaben sich ferner bei der Anbringung der Empfängerspule am Gaumensegel; in einigen Fällen traten Würgegefühle auf, die jedoch mit einem lokal aufgesprühten, kurz wirksamen Oberflächenanästhetikum leicht ausgeschaltet werden konnten. Die Spulen wurden dann nach Anbringung gut toleriert.

Beispiele für die Registrierung der einzelnen Artikulatorpunkte finden sich in den Abbildungen 4.1 bis 4.5.

4.4 Biologische Sicherheit

Bei den in der derzeitigen Version des Artikulographen verwendeten Frequenzbereichen und der angewandten Magnetfeldstärke ist nach der Literatur über die biologischen Effekte nicht-ionisierender Strahlung (Gandhi, 1980; Sheppard u. Eisenbud, 1977) eine Gefährdung der biologischen Sicherheit nicht zu erwarten. Seit Jahren werden Magnetfelder mit ähnlicher Feldstärke um maximal 1 Gauss zur Messung von Augenbewegungen verwandt (Robinson, 1963, 1981), ohne daß biologische Auswirkungen beobachtet worden wären.

4.5 Klinische Anwendbarkeit

Die klinische Anwendbarkeit des Verfahrens der elektromagnetischen Artikulographie hängt zusätzlich zu den bereits erörterten Kriterien entscheidend von der Möglichkeit einer mehrfachen Anwendung ab. Die mehrfache Anwendbarkeit ist wegen der biologischen Sicherheit des Verfahrens gegeben (siehe 4.4). Es kann daher, z.B. bei Verlaufskontrollen oder bei der Behandlung von Sprechstörungen, beliebig oft eingesetzt werden.

Eine weitere unabdingbare Voraussetzung für eine mehrfache Anwendung stellt die Möglichkeit zur Durchführung von Koordinatentransformationen dar. Die Wahl der

Klusionsebene und des Punktes zwischen den mittleren Inzisivi bewährte sich, da sich zeigte, daß beide jederzeit mit hoher Genauigkeit reproduziert werden konnten.

Hinsichtlich der für eine klinische Anwendung erforderlichen Praktikabilität des Verfahrens ergab sich folgende Erfahrung: die Vorbereitungszeit war mit ca. 20 Minuten noch vertretbar; die Notwendigkeit einer Systemkalibrierung vor jeder Untersuchung sollte in der klinischen Praxis entfallen, gegebenenfalls sollte die Kalibrierung automatisch erfolgen.

Die Fixierung des Helms auf dem Kopf erwies sich auch bei den untersuchten Patienten mit Kopftremor als ausreichend. Abbildung 4.8 zeigt die Stabilität der Helm-Kopf-Verbindung; bei einem Patienten mit Kopftremor wurden gleichzeitig zwei Positionen registriert, indem eine Empfängerspule auf dem Unterkiefer fixiert und eine zweite Empfängerspule auf einem externen Halter in der Mediosagittallinie angebracht wurde. Die extern fixierte Spule registrierte den Kopftremor (Abbildung 4.8 B), während die Spule auf dem Unterkiefer keine Bewegungen registrierte als Hinweis für die feste Kopf/Helmverbindung (Abbildung 4.8). Patienten mit choreatiformen Bewegungsstörungen des Kopfes wurden nicht untersucht. Sollte sich bei diesen Patienten die derzeitige Helmfixierung als nicht ausreichend erweisen, könnte der Helm extern fixiert und das System um zwei Empfängerspulen erweitert werden. Damit ließen sich

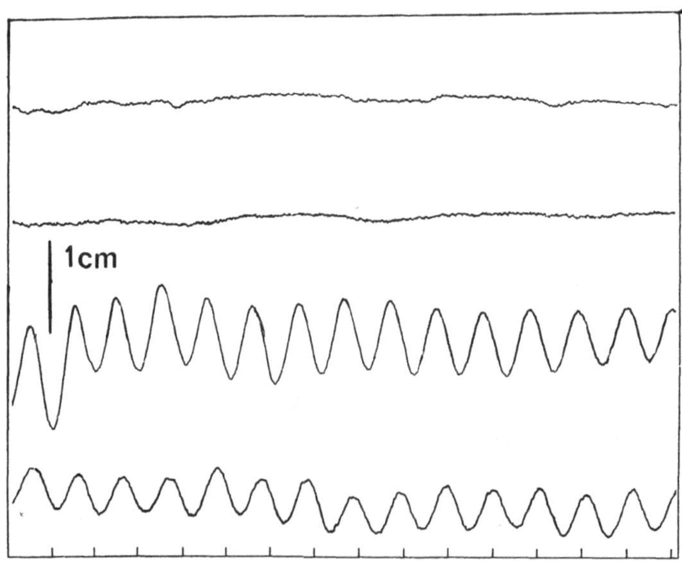

Abb. 4.8. Stabilität der Helm/Kopfverbindung; simultane Registrierung zweier Positionen: A) Fixierung einer Empfängerspule auf dem Unterkiefer, dank der festen Helm/Kopfverbindung folgt der Helm mit den Senderspulen den Tremorbewegungen, in der Empfängerspule wird daher keine Bewegung registriert. B) eine auf einem externen Halter fixierte zweite Empfängerspule, die die Tremorbewegungen nicht mitmacht, registriert die Tremorbewegungen, die vom Kopf auf den Helm und die Senderspulen übertragen werden

zwei zusätzliche Meßpunkte als Referenzpunkte für die Detektion von Kopfbewegungen ableiten; durch eine fortlaufende Koordinatentransformation könnten dann die reinen Sprechbewegungen berechnet werden.

Die Begrenzung der Untersuchungsdauer durch den Helm lag im Durchschnitt bei 1 bis 1 1/2 Stunden (minimal bei einer 3/4 Stunde bei einer Versuchsperson, maximal bei 3 1/2 Stunden) und entsprach damit im Durchschnitt der Haltedauer der Empfängerspulen auf der Zunge. Diese Untersuchungsdauer erscheint nach den bisherigen Erfahrungen ausreichend, um ein für die Diagnostik von Dysarthrien angemessenes sprachliches Untersuchungsprogramm durchführen zu können, zumal die klinisch verwandten Dysarthrietests mit einem vergleichbaren Untersuchungsmaterial für die Durchführung in der Regel kaum mehr als 1 Stunde benötigen. Die Helm- und Spulenhaltedauer erscheint auch im Hinblick auf die therapeutische Anwendung des Verfahrens ausreichend zu sein, da die Behandlungszeiten bei den bisherigen Therapieverfahren zwischen 30 Minuten und 45 Minuten liegen. Von seiten der Empfängerspulen und des verwendeten Gewebeklebers ergaben sich keine besonderen, klinisch relevanten Probleme.

Eine noch vorläufige Einschränkung der klinischen Anwendbarkeit des Verfahrens, insbesondere für die Therapie von Sprechstörungen, ergab sich daraus, daß derzeit, bedingt durch die verwandte Rechnerkonfiguration, die Berechnung der Koordinaten nicht in Echtzeit erfolgt und daher eine Biofeedback-Behandlung nicht möglich ist. Dies wird jedoch in naher Zukunft durch Einbeziehung eines schnellen Mikroprozessors möglich sein.

Insgesamt gesehen erfüllt also die elektromagnetische Artikulographie grundsätzlich und praktisch die Anforderungen, die an ein klinisch anwendbares Verfahren zur Diagnostik von Störungen der Sprechmotorik zu stellen sind: es handelt sich um ein biologisch sicheres Verfahren; es erlaubt die simultane und kontinuierliche Registrierung mehrerer Artikulatorpositionen innerhalb und außerhalb des Mundraums und ermöglicht eine für diagnostische und therapeutische Zwecke ausreichend lange Anwendungszeit.

4.6 Registrierung der Gaumenkontur als sprechphysiologisch bedeutsames Referenzsystem

Eine entscheidende Rolle bei der Produktion fast aller Sprachlaute kommt dem Gaumen zu, da er als fester, sich während des Sprechens nicht verändernder Teil des Ansatzrohres fungiert. Die Weite des Ansatzrohres, die mit die charakteristischen Merkmale der Vokale bestimmt, wird im oberen Vokaltrakt durch die Bewegung der Zunge gegenüber dem Gaumen definiert. Bei der Produktion der verschiedenen Konsonanten bildet die Zunge mit bestimmten Bereichen des Gaumens Engstellen (Bildung der Reibelaute) oder komplette Verschlüsse (Bildung der Verschlußlaute). Trotz der Bedeutung des Gaumens für die Sprachlautbildung wurde die Gaumenkontur mit den bisherigen Verfahren nicht oder nur unzureichend registriert (Ladefoged, 1975).

In Abbildung 4.9 ist die sechsfache Registrierung des Gaumens einer Versuchsperson dargestellt. Die Reproduzierbarkeit der Registrierungen zeigt sich in der völligen

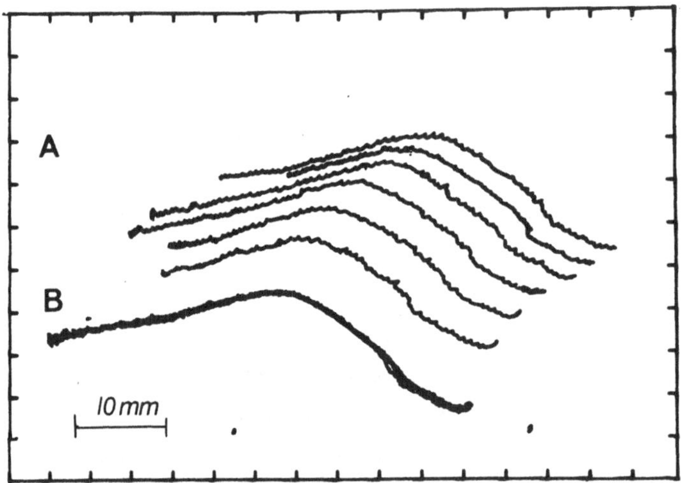

Abb. 4.9. Sechsfache Registrierung des Gaumens einer Versuchsperson; A: Einzelplot, B: overlay plot der sechs Gaumen

Übereinstimmung der Gaumenkonturen in der übereinandergeplotteten Darstellung (B in Abbildung 4.9). Deutlich bilden sich die Rugae palatinae im vorderen Anteil des Gaumens ab. Dorsal wird der Übergang des harten in den weichen Gaumen dargestellt, teilweise kommt auch noch ein Teil des weichen Gaumens zur Darstellung. Die Methode, die Spule auf dem Zeigefinger des Untersuchers festzukleben und von dorsal nach ventral am Gaumen entlangzuführen, bewährte sich auch zur Registrierung der Gaumenkontur bei Patienten. Die Registrierung wurde in der Regel zu Beginn der Untersuchungen durchgeführt und benötigte ca. 5 Minuten. Bei keiner der insgesamt 41 untersuchten Versuchspersonen wurde eine Aktivierung des Würgereflexes beobachtet.

Diese Art der Gaumenregistrierung eröffnet erstmals die Möglichkeit, an einer größeren Zahl von Sprechern an verschiedenen Stellen des oberen Vokaltrakts große Datenmengen über dessen Weite bei der Produktion der einzelnen Laute zu gewinnen, was insbesondere für die Modellierung des Vokaltraktes von wesentlicher Bedeutung ist. Die Notwendigkeit einer genauen Kenntnis der Gaumenform für die Modellierung

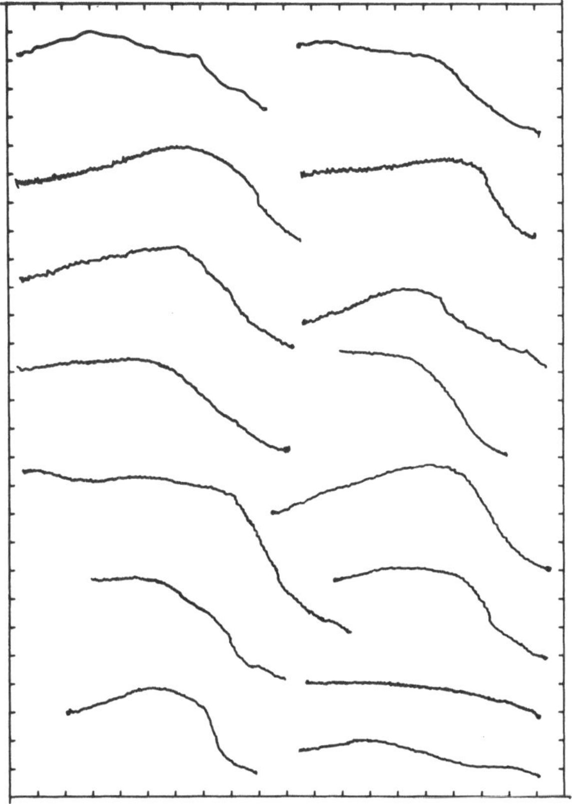

Abb. 4.10. Fünfzehn mit der elektromagnetischen Artikulographie registrierte Gaumenkonturen. Auffällig sind die individuell sich deutlich unterscheidenden Gaumenformen, so daß sich jeweils individuelle Geometrien des Ansatzrohres ergeben und daher unterschiedliche Bewegungstrajektorien der Zunge bei der Produktion der einzelnen Laute zu erwarten sind

des Vokaltraktes ergibt sich daraus, daß die Gaumen der einzelnen Sprecher stark unterschiedliche Formen aufweisen, wie Abbildung 4.10 exemplarisch an 15 artikulographisch registrierten Gaumenkonturen zeigt.

Die Bedeutung der Registrierung der Gaumenkontur für die Anschaulichkeit und die unmittelbare Erfassung der Lage der Bewegungstrajektorien im Mundraum zeigen die Abbildung 4.11 A, in der die Bewegungstrajektorien bei der Produktion von /la/ ohne, und die Abbildung 4.11 B, in der sie mit der zugehörigen Gaumenkontur dargestellt sind. Die unmittelbare Anschaulichkeit, die durch die Zuordnung der Bewegungen zum Gaumen gewonnen wird, erhöht vor allem die klinische Transparenz des Verfahrens, da die Bewegungsabläufe direkt verstehbar werden.

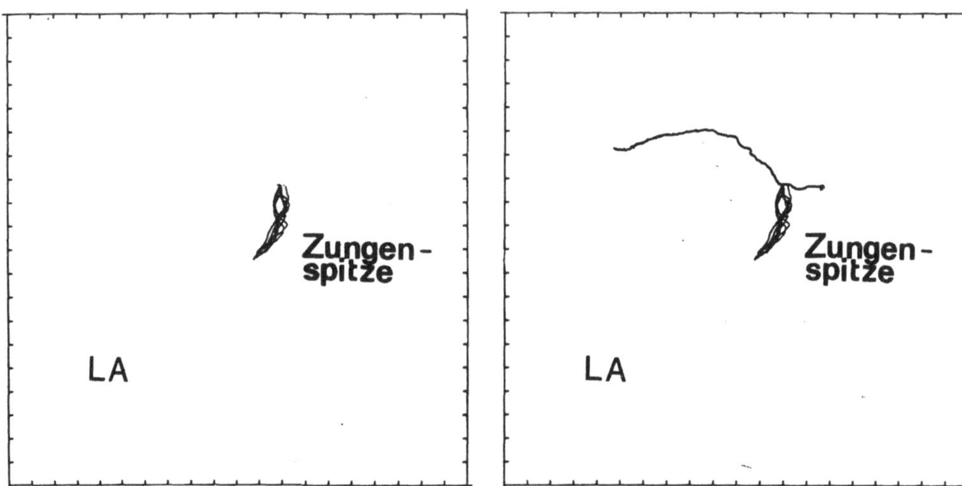

Abb. 4.11. Bewegunsgtrajektorien der Zungenspitze bei der Produktion von /la/ ohne Zuordnung zur Gaumenkontur (A, linke Seite). Bewegungstrajektorien der Zungenspitze bei der Produktion von /la/. Die gleichzeitige Darstellung der zugehörigen Gaumenkontur erhöht die Anschaulichkeit der Lage der Bewegungsabläufe im Mundraum und ermöglicht ein unmittelbares Verständnis der Bewegungen (B, rechte Seite)

5 Artikulographische Untersuchungen zur Physiologie und Pathophysiologie der Sprechmotorik

Im folgenden Kapitel werden die Ergebnisse der artikulographischen Untersuchung der Sprechmotorik bei gesunden Sprechern und Patienten mit dysarthrischen Sprechstörungen vorgestellt. Der Schwerpunkt wird dabei auf die Präsentation von Originalregistrierungen gelegt, da bislang im Deutschen so gut wie keine direkten Bewegungsdaten über die Artikulatoren, insbesondere die Zunge, publiziert wurden.

5.1 Artikulographische Untersuchungen zur Physiologie der Sprechmotorik

5.1.1 Bewegungstrajektorien des Zungengrundes bei der Produktion isolierter Vokale

Die Bewegungstrajektorien des Zungengrundes[1)] bei der Produktion der isolierten Vokale /a,e,i,o,u/ sind in den Abbildungen 5.1 bis 5.5 zu sehen. Dargestellt sind exemplarisch die Äußerungen des Sprechers S1, insgesamt wurden 18 gesunde Sprecher (4 Frauen, 14 Männer; Durchschnittsalter 25,7 Jahre, Altersverteilung: 23-35 Jahre) untersucht. Jeder Vokal wurde fünfmal hintereinander mit einem Intervall von 2 Sekunden gesprochen. In der linken oberen Bildhälfte findet sich jeweils die zeitunabhängige x/y-Darstellung der Bewegungen (A), in der rechten Bildhälfte (C) sind die Bewegungen zeitabhängig (x(t) oben und y(t) unten) dargestellt. Der besseren Anschaulichkeit wegen ist in Abbildung A der Gaumen jeweils mitdargestellt. Abbildung A vermittelt einen Eindruck vom Bewegungsraum für die jeweiligen Vokale. Der

----

1) Die ebenfalls registrierten Bewegungen des Unterkiefers werden im folgenden aus Gründen der Darstellung nicht mitberücksichtigt; eine Miteinbeziehung der Unterkieferbewegungen hätte eine starke Verkleinerung der Abbildungen notwendig gemacht.

Kontaktpunkt am Gaumen stellt den Ruhepunkt dar, von dem die Bewegung startet; die Richtung, die die Bewegung einschlägt, und die Lage des Umkehrpunktes hängen von dem jeweils zu äußernden Vokal ab. Für den Vokal /a/ ist der Hauptbewegungsvektor nach unten gerichtet, für /o/ und /u/ nach hinten und für /e/ und /i/ nach vorne. /o/ und /u/ unterscheiden sich durch die Lage der Umkehrpunkte , die bei /o/ tiefer als bei /u/ liegen. Obwohl /e/ und /i/ in Abbildung A, abgesehen von einem "Ausreißer" bei /e/ nur geringe Unterschiede aufweisen, zeigen die einzelnen Trajektorien in B einen deutlich andersgearteten Ablauf. Die Details der Trajektorien sind jeweils am besten in Abbildung B zu erkennen. In Abbildung C sind zusätzlich Beginn und Ende der Phonation für die einzelnen Vokale durch senkrechte Striche markiert.

Insgesamt lassen die Abbildungen erkennen, daß die Bewegungsräume für die einzelnen Vokale sich im Ursprungsbereich überlappen, im Bereich zu den Scheitelpunkten hin jedoch eindeutig unterscheiden. Die Lage der Scheitelpunkte für die einzelnen Vokale unterscheidet sich voneinander in der Anterior-posterior- und Superior-inferior-Dimension: für /i/ liegen sie vorne oben, für /e/ vorne, nur wenig unterhalb von /i/, für /u/ hinten oben, für /o/ hinten, wenig unterhalb von /u/, für /a/ in der Mitte und am tiefsten. Weiter fällt auf, daß die Bewegungstrajektorien nicht die Form einer geraden Linie als kürzestem Verbindungsweg zwischen Ursprungspunkt und Scheitelpunkt annehmen.

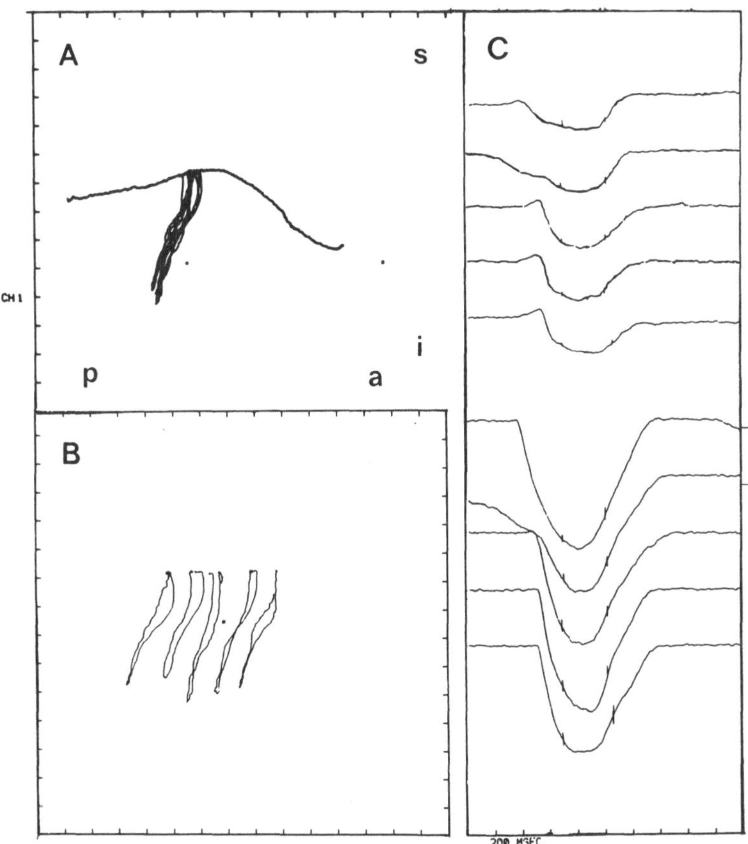

Abb. 5.1. Trajektorien des Zungengrundes bei der Produktion des Vokals /a/, fünfmal isoliert (ohne Kontext) gesprochen (Sprecher S1). **A**: xy-Darstellung, alle Trajektorien sind übereinander geplottet, zusätzliche Darstellung des Gaumens. **B**: Einzeldarstellung der Bewegungstrajektorien mit Verschiebung in der x-Achse, Ordinatenwerte sind mit denen in A identisch. **C**: zeitbezogene x(t) Darstellung (obere Hälfte) und y(t) Darstellung (untere Hälfte); Markierung der Phonation durch senkrechte Striche. **a**: anterior, **p**: posterior, **s**: superior, **i**: inferior

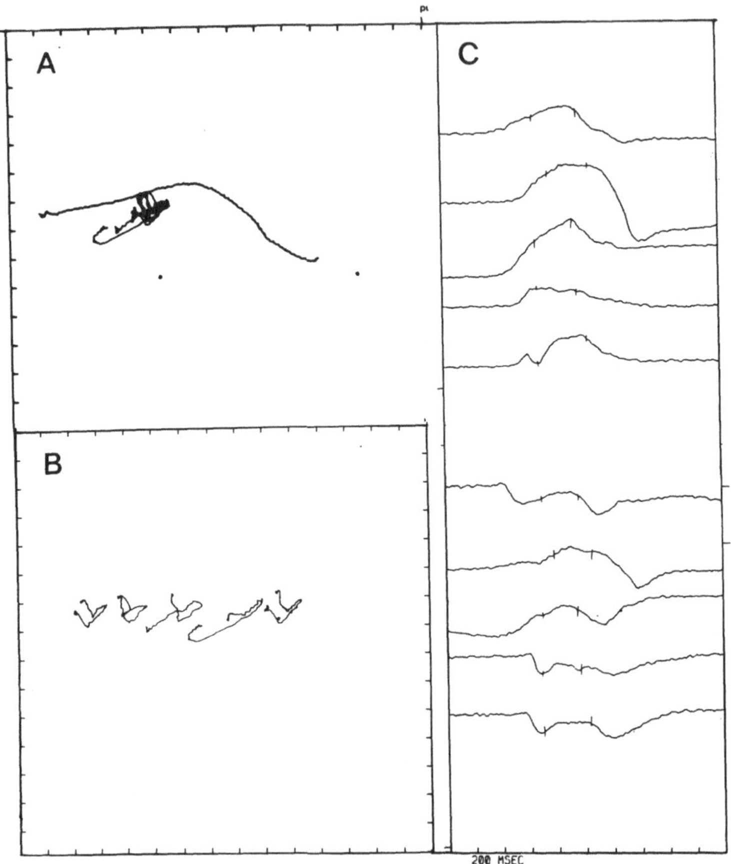

Abb. 5.2. Trajektorien des Zungengrundes bei der Produktion des Vokals /e/, fünfmal isoliert (ohne Kontext) gesprochen (Sprecher S1). **A:** xy-Darstellung, alle Trajektorien sind übereinandergeplottet, zusätzliche Darstellung des Gaumens. **B:** Einzeldarstellung der Bewegungstrajektorien mit Verschiebung in der x-Achse, Ordinatenwerte sind mit denen in A identisch. **C:** zeitbezogene x(t) Darstellung (obere Hälfte) und y(t) Darstellung (untere Hälfte); Markierung der Phonation durch senkrechte Striche

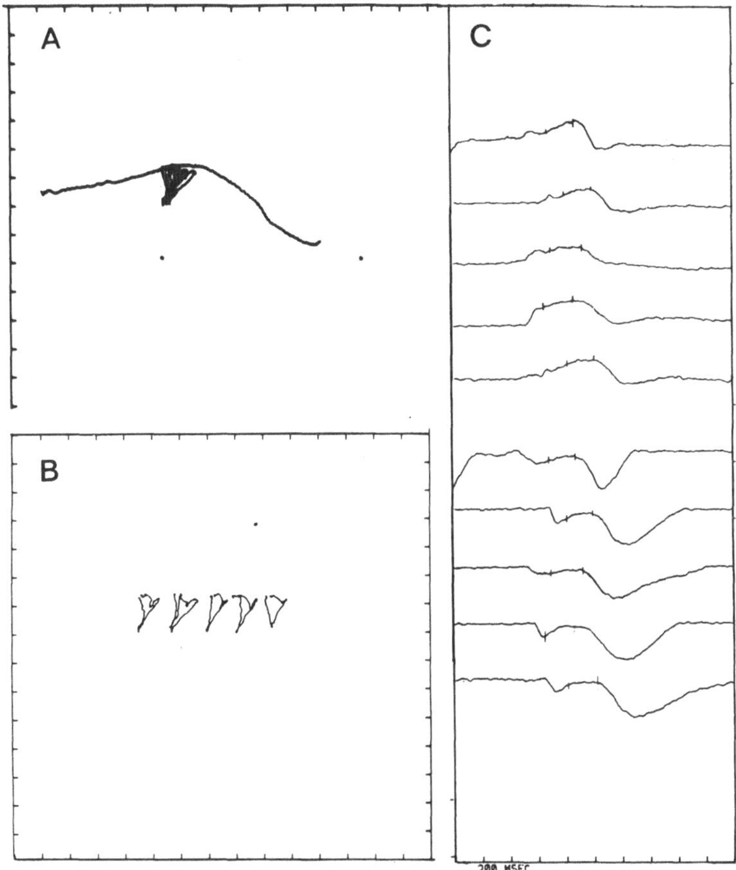

Abb. 5.3. Trajektorien des Zungengrundes bei der Produktion des Vokals /i/, fünfmal isoliert (ohne Kontext) gesprochen (Sprecher S1). **A:** xy-Darstellung, alle Trajektorien sind übereinandergeplottet, zusätzliche Darstellung des Gaumens. **B:** Einzeldarstellung der Bewegungstrajektorien mit Verschiebung in der x-Achse, Ordinatenwerte sind mit denen in A identisch. **C:** zeitbezogene x(t) Darstellung (obere Hälfte) und y(t) Darstellung (untere Hälfte); Markierung der Phonation durch senkrechte Striche

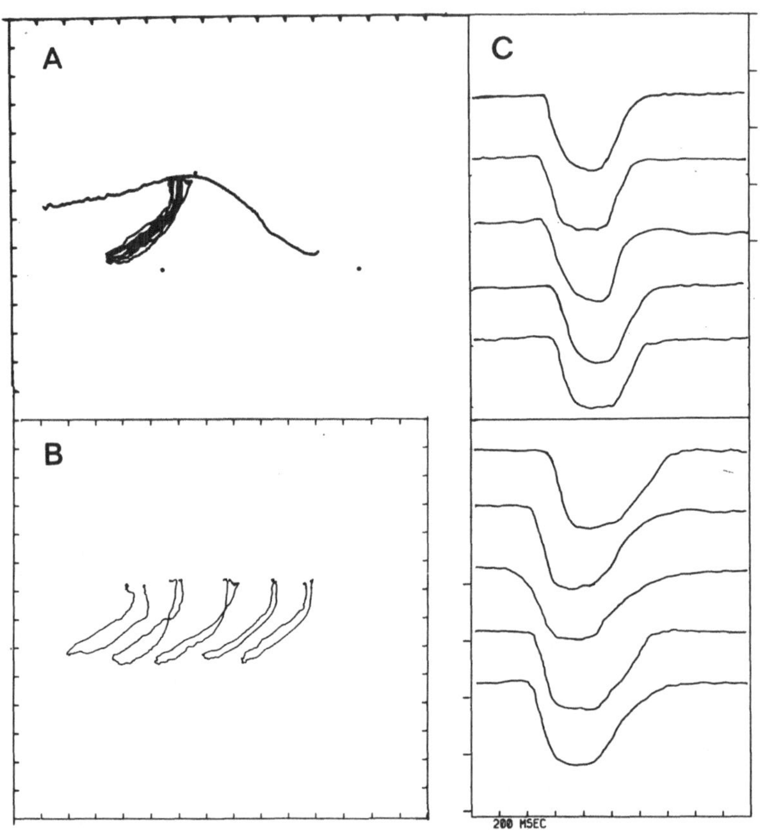

Abb. 5.4. Trajektorien des Zungengrundes bei der Produktion des Vokals /o/, fünfmal isoliert (ohne Kontext) gesprochen (Sprecher S1). A: xy-Darstellung, alle Trajektorien sind übereinandergeplottet, zusätzliche Darstellung des Gaumens. B: Einzeldarstellung der Bewegungstrajektorien mit Verschiebung in der x-Achse, Ordinatenwerte sind mit denen in A identisch. C: zeitbezogene x(t) Darstellung (obere Hälfte) und y(t) Darstellung (untere Hälfte)

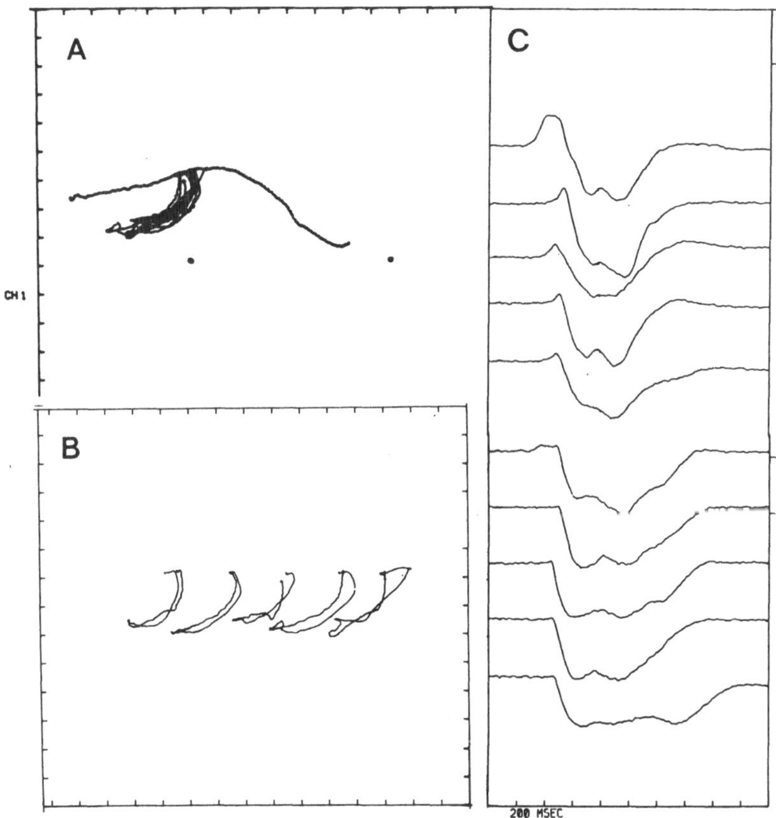

Abb. 5.5. Trajektorien des Zungengrundes bei der Produktion des Vokals /u/, fünfmal isoliert (ohne Kontext) gesprochen (Sprecher S1). A: xy-Darstellung, alle Trajektorien sind übereinandergeplottet, zusätzliche Darstellung des Gaumens. B: Einzeldarstellung der Bewegungstrajektorien mit Verschiebung in der x-Achse, Ordinatenwerte sind mit denen in A identisch. C: zeitbezogene x(t) Darstellung (obere Hälfte) und y(t) Darstellung (untere Hälfte)

5.1.2 Bewegungstrajektorien des Zungengrundes bei der Produktion von Vokalen im Kontext

In den Abbildungen 5.6 bis 5.10 werden die Bewegungstrajektorien für die Äußerungen / ə pap/, / ə pep/, / ə pip/, / ə pop/, / ə pup/[1] demonstriert. Im Abbildungsteil A findet sich die xy-Darstellung mit übereinandergeplotteten Trajektorien, in B sind die Bewegungsbahnen, in x-Richtung verschoben, einzeln dargestellt, und in C sind die Bewegungen zeitbezogen zusammen mit dem Sprachsignal wiedergegeben. Jede Äußerung wurde fünf Mal gesprochen (Sprecher wie in Abbildung 5.1). Durch die Einführung des zusätzlich zu sprechenden Murmelvokals /ə/ nehmen die Bewegungsbahnen eine deutlich andere Form an: vom Punkt der Ruhelage am Gaumen verlaufen sie zuerst zu den Zielpunkten für den Murmelvokal und dann zu den Zielpunkten für die einzelnen Vokale. Bemerkenswert ist die Verschiebung der Position des Murmelvokals in Richtung der Lage des jeweils folgenden Vokals als Hinweis darauf, daß eine Vorausprogrammierung mit Anpassung des Murmelvokals an den nachfolgenden Vokal stattfindet. In den y(t)-Kurven fällt eine zweifache Absenkung auf; die erste kommt durch die Abwärtsbewegung für den Murmelvokal zustande, die zweite durch die Öffnung bei der Produktion des labialen Veschlußlautes, die im Deutschen mit einer Aspiration (Behauchung) erfolgt. Während der Produktion der Vokale /e/, /i/, /o/, und /u/ kommt es zur Anhebung der Zunge, bei der Produktion des /a/ hingegen zu einer weiteren Absenkung. Abbildung 5.11 und 5.12 zeigen die Bewegungstrajektorien von zwei weiteren Versuchspersonen.

Die Abbildungen 5.13 und 5.14 demonstrieren die Änderung der Form der Bewegungstrajektorien durch Einführung eines weiteren Zielpunktes bei der Produktion der Äußerungen /gepape, gepepe, gepipe, gepope, gepupe/ (Mittelvokal betont, anlautendes und auslautendes /e/ als Murmelvokal gesprochen). Zusätzlich kommt es hier zu einem Gaumenkontakt des Zungengrundes für die gutturale Verschlußbildung bei der Produktion des /g/. Die Zielpunkte für die Vokale entsprechen den Positionen der isoliert gesprochenen Vokale.

----

[1] Mit / ə / wird der Murmelvokal (auch "Schwa" genannt) bezeichnet; beim Murmelvokal handelt es sich um ein unbetontes /e/, wie z.B. in /gelingen/.

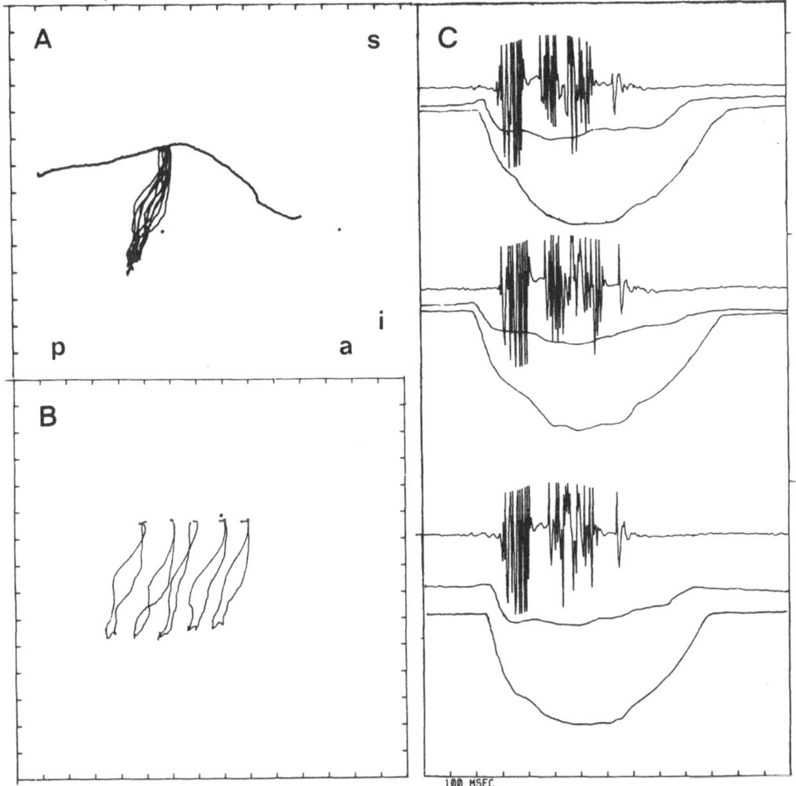

Abb. 5.6. Trajektorien des Zungengrundes bei der Produktion des Vokals /a/, fünfmal im Kontext / ə pap/ mit Betonung des /a/ gesprochen (Sprecher S1). A: xy-Darstellung, alle Trajektorien sind übereinandergeplottet, zusätzliche Darstellung des Gaumens. B: Einzeldarstellung der Bewegungstrajektorien mit Verschiebung in der x-Achse, Ordinatenwerte sind mit denen in A identisch. C: zeitbezogene x(t) Darstellung (obere Hälfte) und y(t) Darstellung (untere Hälfe) zusammen mit dem Sprachsignal. a: anterior, p: posterior, s: superior, i: inferior. Im Vergleich zur isolierten Produktion des Vokals deutliche Änderung der Bewegungstrajektorien durch die Einführung des zusätzlich zu sprechenden Murmelvokals / ə/

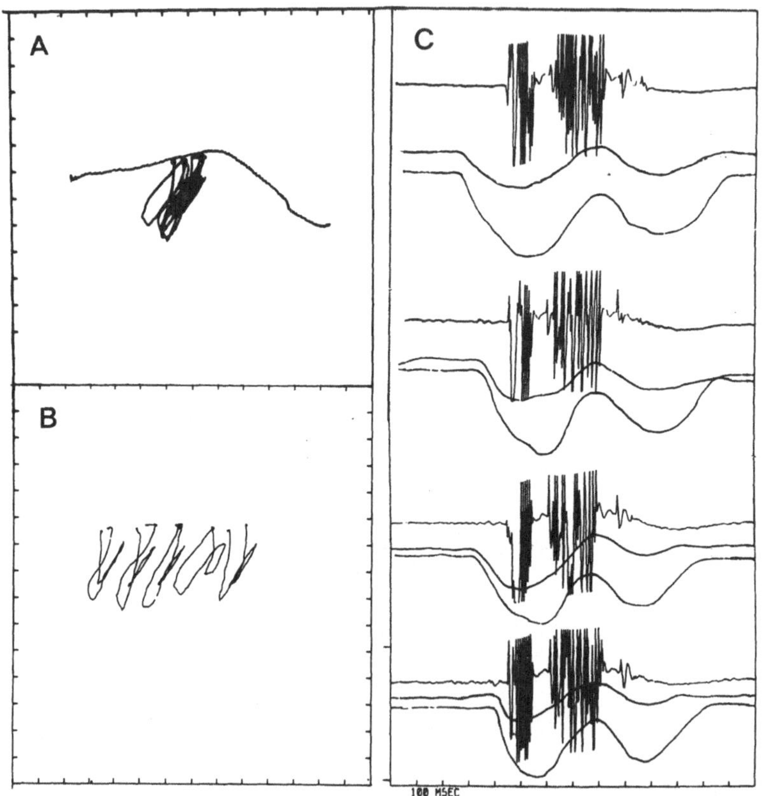

Abb. 5.7. Trajektorien des Zungengrundes bei der Produktion des Vokals /e/, fünfmal im Kontext / ə pep/ mit Betonung des /e/ gesprochen (Sprecher S1). A: xy-Darstellung, alle Trajektorien sind übereinandergeplottet, zusätzliche Darstellung des Gaumens. B: Einzeldarstellung der Bewegungstrajektorien mit Verschiebung in der x-Achse, Ordinatenwerte sind mit denen in A identisch. C: zeitbezogene x(t) Darstellung (obere Hälfte) und y(t) Darstellung (untere Hälfe) zusammen mit dem Sprachsignal. Im Vergleich zur isolierten Produktion des Vokals deutliche Änderung der Bewegungstrajektorien durch die Einführung des zusätzlich zu sprechenden Murmelvokals / ə/

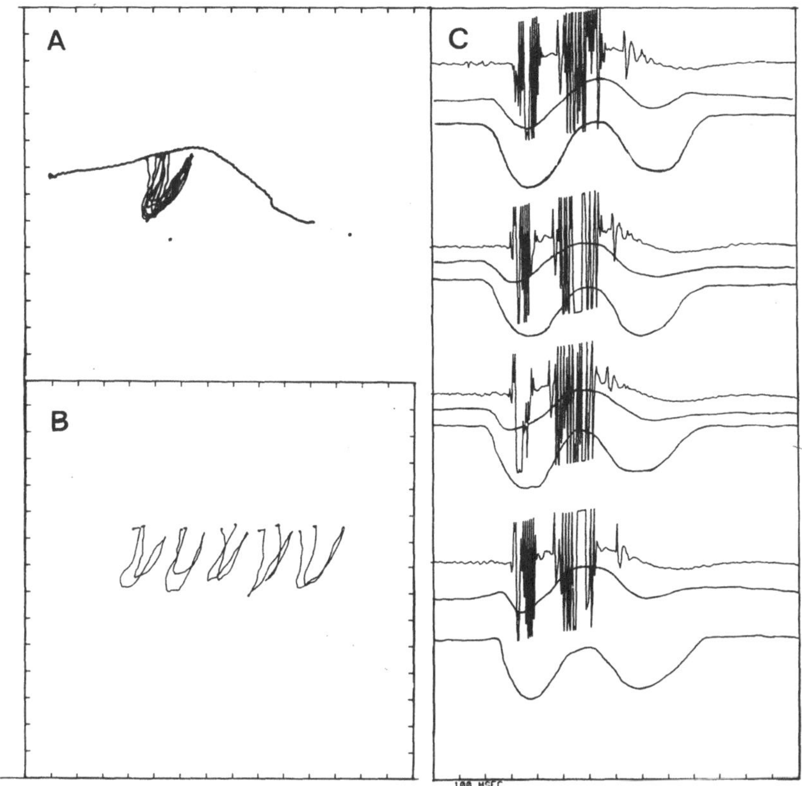

Abb. 5.8. Trajektorien des Zungengrundes bei der Produktion des Vokals /i/, fünfmal im Kontext / ə pip/ mit Betonung des /i/ gesprochen (Sprecher S1). **A:** xy-Darstellung, alle Trajektorien sind übereinandergeplottet, zusätzliche Darstellung des Gaumens. **B:** Einzeldarstellung der Bewegungstrajektorien mit Verschiebung in der x-Achse, Ordinatenwerte sind mit denen in A identisch. **C:** zeitbezogene x(t) Darstellung (obere Hälfte) und y(t) Darstellung (untere Hälfte) zusammen mit dem Sprachsignal. Im Vergleich zur isolierten Produktion des Vokals deutliche Änderung der Bewegungstrajektorien durch die Einführung des zusätzlich zu sprechenden Murmelvokals /ə/

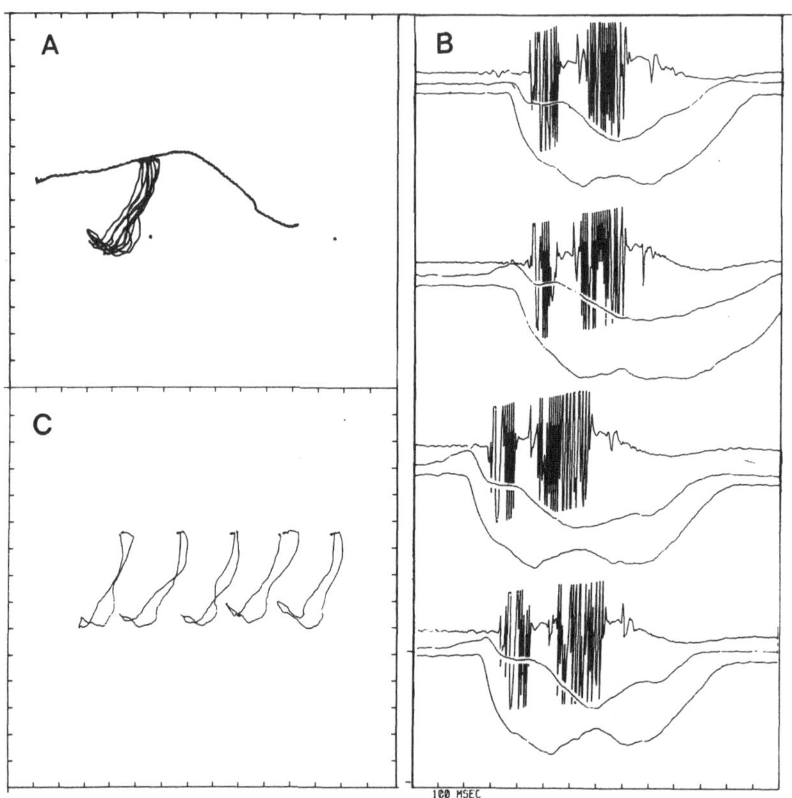

Abb. 5.9. Trajektorien des Zungengrundes bei der Produktion des Vokals /o/, fünfmal im Kontext / ə pop/ mit Betonung des /o/ gesprochen (Sprecher S1). A: xy-Darstellung, alle Trajektorien sind übereinandergeplottet, zusätzliche Darstellung des Gaumens. B: Einzeldarstellung der Bewegungstrajektorien mit Verschiebung in der x-Achse, Ordinatenwerte sind mit denen in A identisch. C: zeitbezogene x(t) Darstellung (obere Hälfte) und y(t) Darstellung (untere Hälfte) zusammen mit dem Sprachsignal. Im Vergleich zur isolierten Produktion des Vokals deutliche Änderung der Bewegungstrajektorien durch die Einführung des zusätzlich zu sprechenden Murmelvokals /ə/

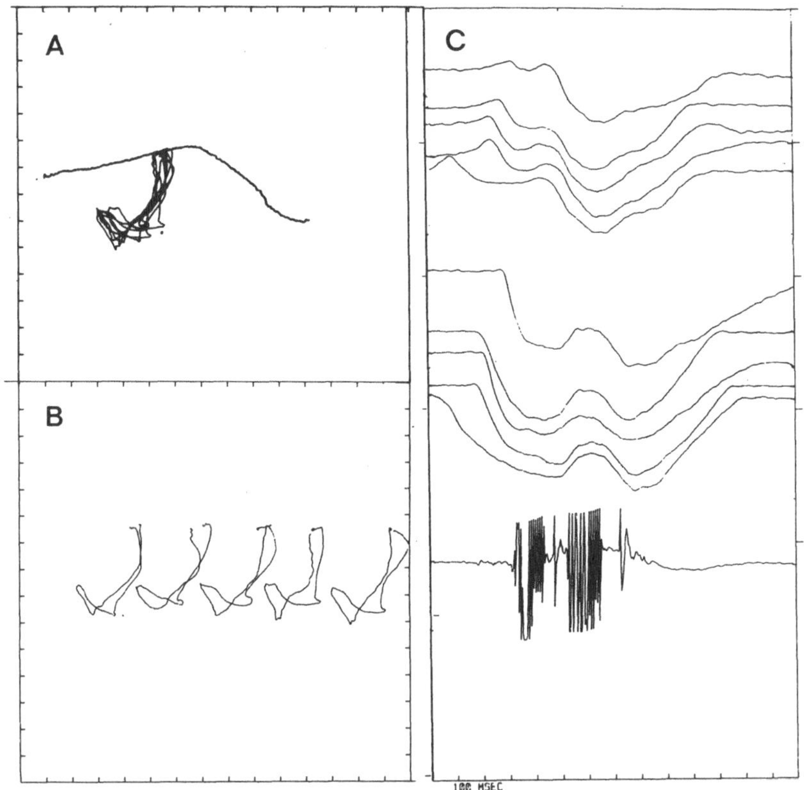

Abb. 5.10. Trajektorien des Zungengrundes bei der Produktion des Vokals /u/, fünfmal im Kontext / ə pup/ mit Betonung des /u/ gesprochen (Sprecher S1). **A:** xy-Darstellung, alle Trajektorien sind übereinandergeplottet, zusätzliche Darstellung des Gaumens. **B:** Einzeldarstellung der Bewegungstrajektorien mit Verschiebung in der x-Achse, Ordinatenwerte sind mit denen in A identisch. **C:** zeitbezogene x(t) Darstellung (obere Hälfte) und y(t) Darstellung (untere Hälfte) zusammen mit dem Sprachsignal. Im Vergleich zur isolierten Produktion des Vokals deutliche Änderung der Bewegungstrajektorien durch die Einführung des zusätzlich zu sprechenden Murmelvokals / ə/

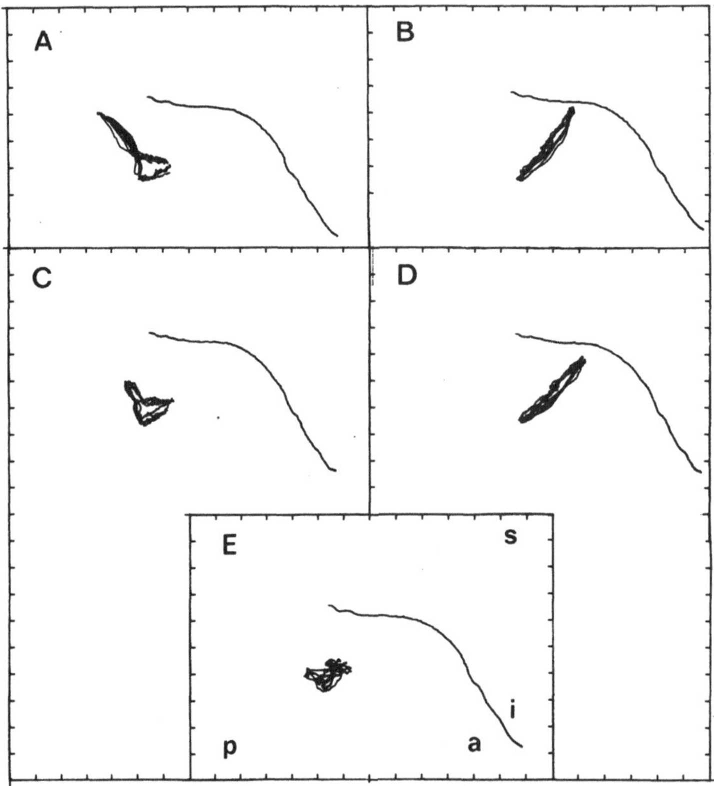

Abb. 5.11. Trajektorien des Zungengrundes bei der fünffachen Produktion der Vokale /a, e, i, o, u/, im Kontext /ə pap/ (E), /ə pep/ (D), /ə pip/ (B), /ə pop/ (C), /ə pup/ (A) mit Betonung des jeweiligen Vokals (Sprecher S2). xy-Darstellung, alle Trajektorien sind übereinandergeplottet, zusätzliche Darstellung des Gaumens. a: anterior, p: posterior, s: superior, i: inferior

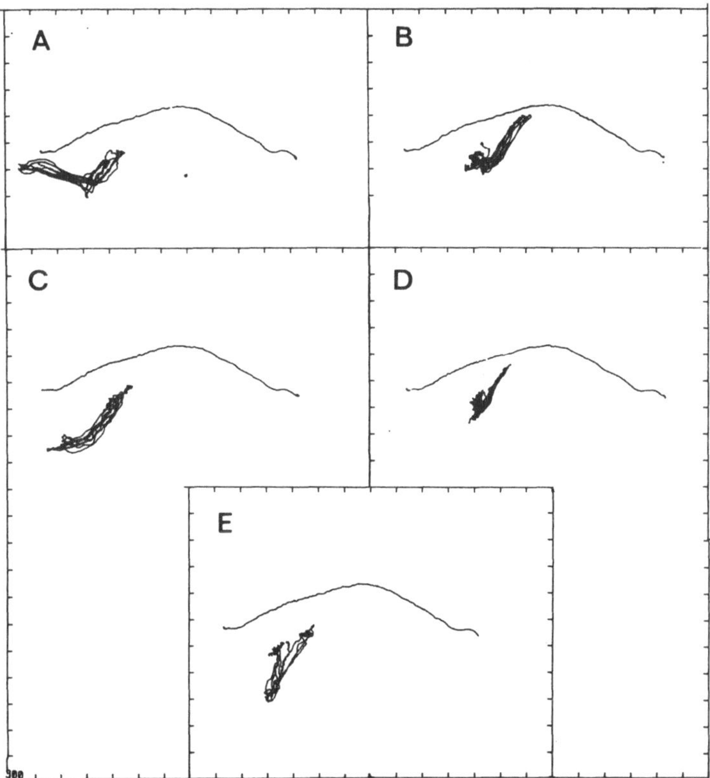

Abb. 5.12. Trajektorien des Zungengrundes bei der fünffachen Produktion der Vokale /a, e, i, o, u/, im Kontext /əpap/ (E), /əpep/ (D), /əpip/ (B), /əpop/ (C), /əpup/ (A) mit Betonung des jeweiligen Vokals Sprecher S3). xy-Darstellung, alle Trajektorien sind übereinandergeplottet, zusätzliche Darstellung des Gaumens

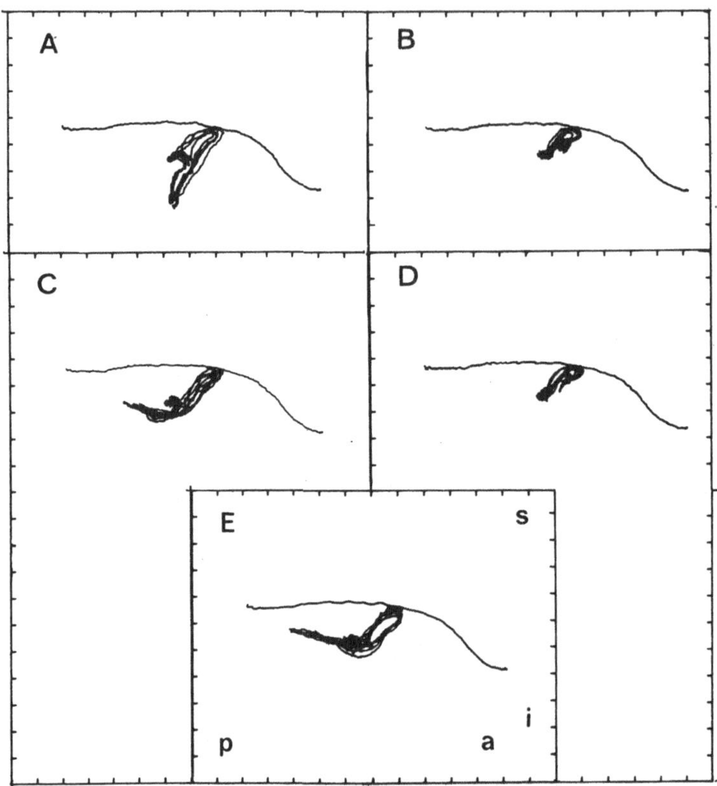

Abb. 5.13. Trajektorien des Zungengrundes bei der fünffachen Produktion der Vokale /a, e, i, o, u/, im Kontext /gəpap ə/ (A), /gəpepə/ (B), /gəpipə/ (D), /gəpopə/ (C), /gəpupə/ (E) mit Betonung des jeweiligen Vokals (Sprecher S4). xy-Darstellung, alle Trajektorien sind übereinandergeplottet, zusätzliche Darstellung des Gaumens. a: anterior, p: posterior, s: superior, i:inferior

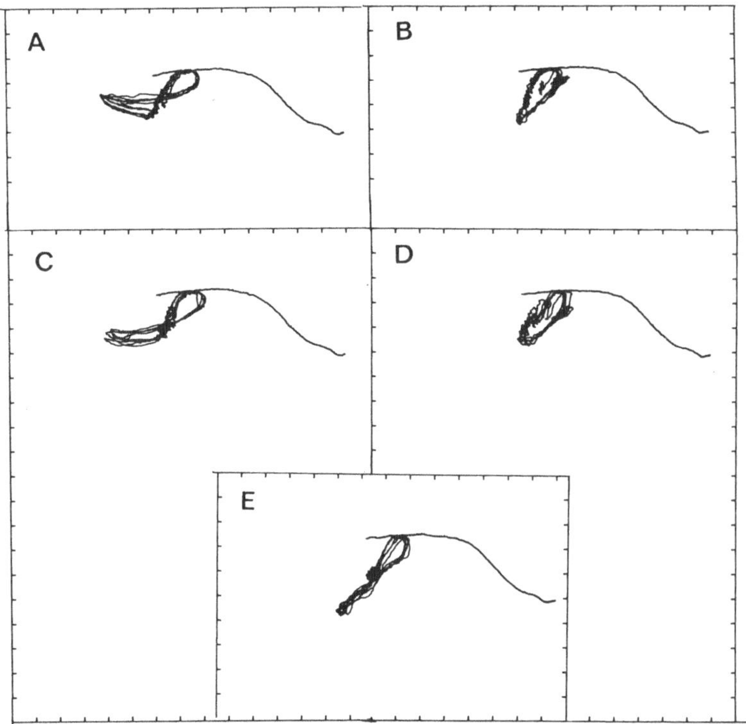

Abb. 5.14. Trajektorien des Zungengrundes bei der fünffachen Produktion der Vokale /a, e, i, o, u/, im Kontext /gə papə / (E), /gə pepə / (D), /gə pipə / (B), /gə popə / (C), /gə pupə / (A) mit Betonung des jeweiligen Vokals (Sprecher S5). xy-Darstellung, alle Trajektorien sind übereinandergeplottet, zusätzliche Darstellung des Gaumens

In den bisherigen Abbildungen sind die Gesamtbewegungen bei der Produktion der Vokale dargestellt. Die Abbildungen 5.15, 5.16 und 5.17 zeigen die Anteile der Bewegungstrajektorien, die ausschließlich während der Produktion der Vokale durchlaufen werden. Durch die Einbettung der Vokale (V) in den Kontext des labialen Verschlußlautes /p/ (/p Vok p/) ergibt sich im akustischen Signal eine scharfe Ausgrenzung der Vokalanteile der Äußerung, so daß sich Anfang und Ende der Vokale leicht markieren und die zugehörigen Teile der Bewegungstrajektorien der Vokale "herausschneiden" lassen. Diese Ausschnitte der Vokaltrajektorien wurden bei 18 gesunden Sprechern (fünf Äußerungen je Vokal) gewonnen. Wie die Abbildungen zeigen, weisen alle Vokale differentielle Bewegungsräume auf mit vokalspezifischer Anordnung der Scheitelpunkte der Bewegungstrajektorien, wobei der Grad der spezifischen Ausprägung variiert. In der Anterior-posterior-Dimension liegt folgende Anordnung von vorne nach hinten vor: /i/, /e/, /a/, /o/, /u/; in der Superior-inferior-Dimension liegt /i/ höher als /e/, /u/ höher als /o/, und /a/ am tiefsten. Nur bei einem Sprecher liegt /a/ höher als /o/.

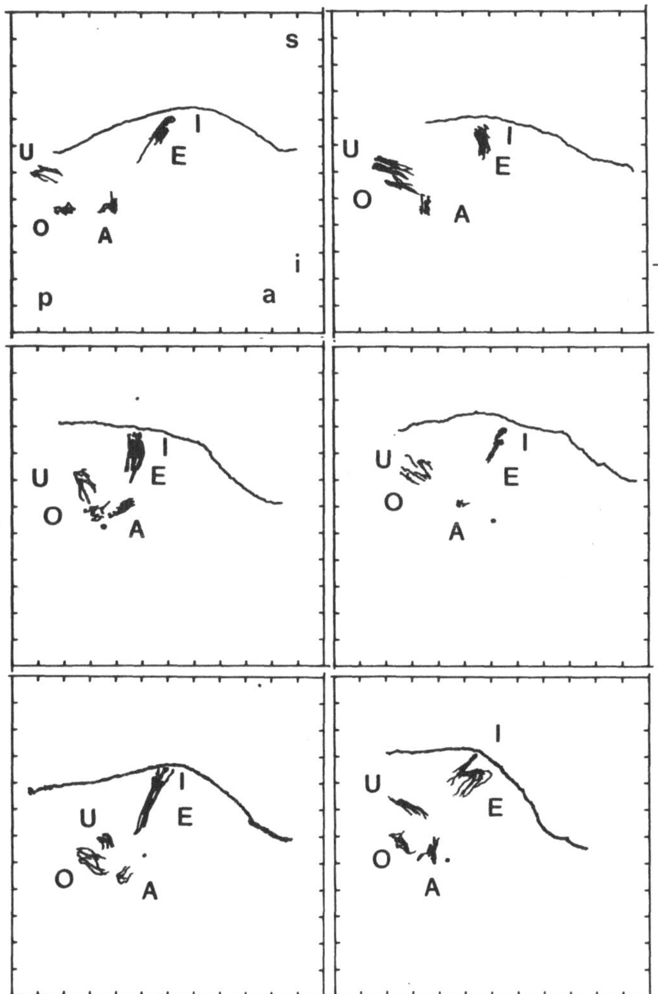

Abb. 5.15. Trajektorien des Zungengrundes bei der fünffachen Produktion der Vokale /a, e, i, o, u/, im Kontext /ə pap, ə pep, ə pip, ə pop, ə pup/ mit Betonung des jeweiligen Vokals (sechs Sprecher). Dargestellt sind ausschließlich die Bewegungsanteile während der eigentlichen Vokalproduktion, die Bewegungsanteile zu und von den Zielpunkten sind eliminiert. xy-Darstellung, alle Trajektorien eines Sprechers sind in einen Bezugsrahmen geplottet, zusätzliche Darstellung des Gaumens

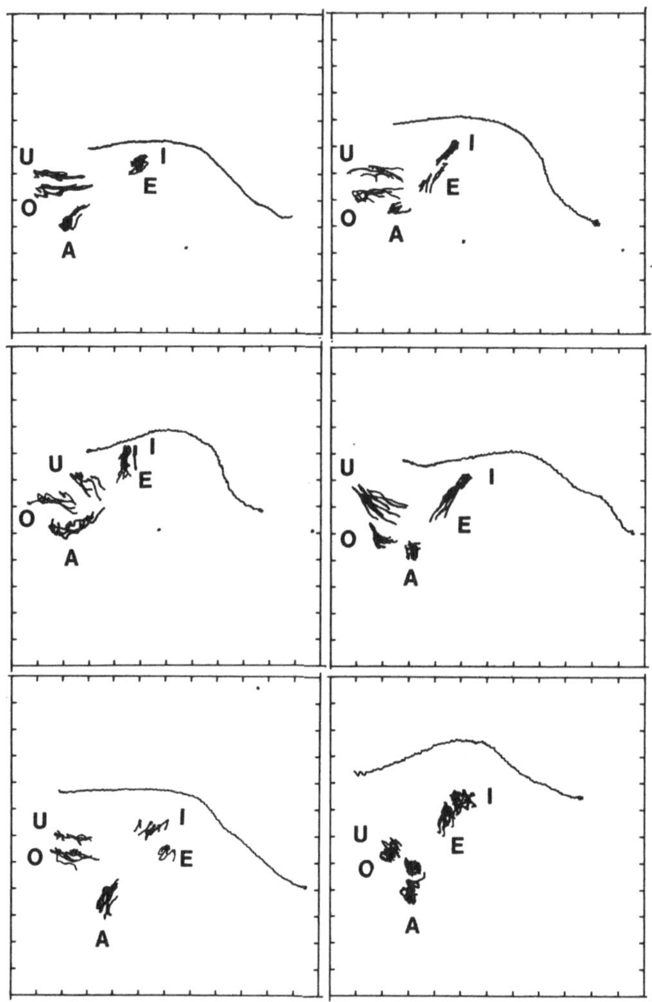

Abb. 5.16. Trajektorien des Zungengrundes bei der fünffachen Produktion der Vokale /a, e, i, o, u/, im Kontext / pap, pep, pip, pop, pup/ mit Betonung des jeweiligen Vokals (sechs Sprecher). Dargestellt sind ausschließlich die Bewegungsanteile während der eigentlichen Vokalproduktion, die Bewegungsanteile zu und von den Zielpunkten sind eliminiert. xy-Darstellung, alle Trajektorien eines Sprechers sind in einen Bezugsrahmen geplottet, zusätzliche Darstellung des Gaumens

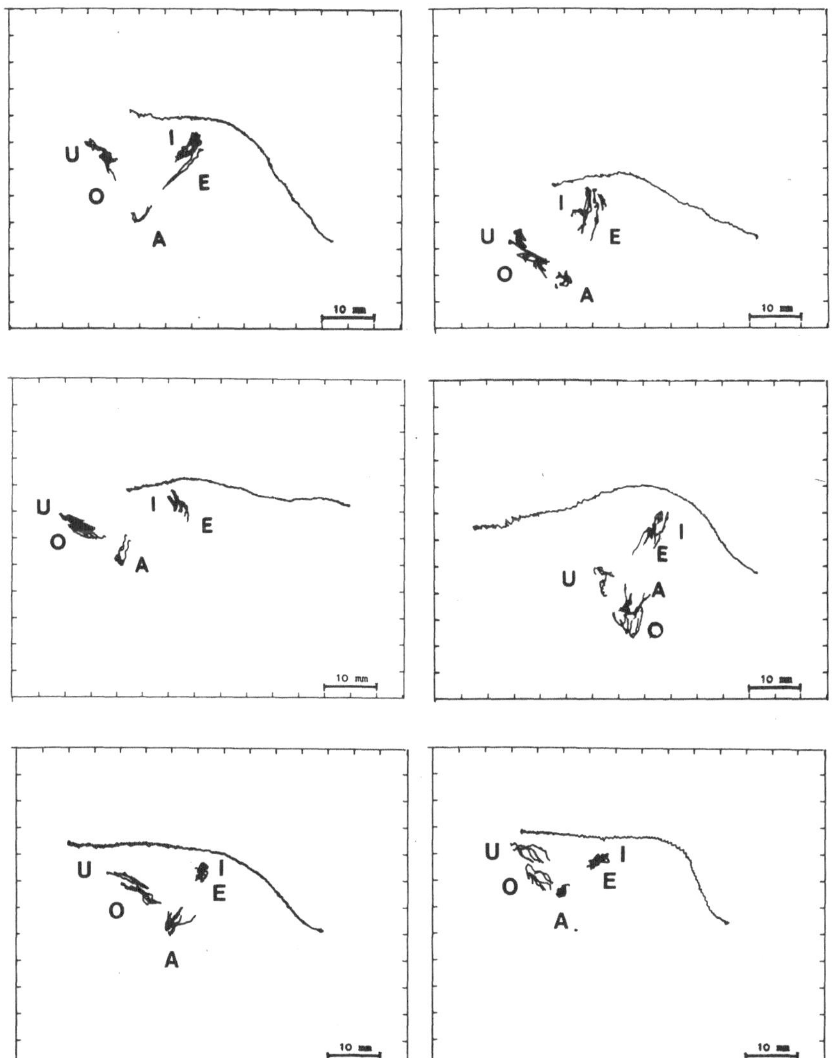

Abb. 5.17. Trajektorien des Zungengrundes bei der fünffachen Produktion der Vokale /a, e, i, o, u/, im Kontext / pap, pep, pip, pop, pup/ mit Betonung des jeweiligen Vokals (sechs Sprecher). Dargestellt sind ausschließlich die Bewegungsanteile während der eigentlichen Vokalproduktion, die Bewegungsanteile zu und von den Zielpunkten sind eliminiert. xy-Darstellung, alle Trajektorien eines Sprechers sind in einen Bezugsrahmen geplottet, zusätzliche Darstellung des Gaumens

Da inspektorisch die Ordinatenwerte für die Vokale /i/, /e/ und /u/, /o/ sehr eng beieinanderlagen, wurden die Koordinatenwerte der Scheitelpunkte der Bewegungstrajektorien für die einzelnen Vokale bestimmt (Abbildung 5.18). Mit Hilfe des t-Tests wurde überprüft, ob sich die y-Werte der Scheitelpunkte der Vokalpaare /i/ versus /e/ und /u/ versus /o/ signifikant unterscheiden. Jeder Vokal war von jedem der 18 Sprecher fünfmal gesprochen worden. Die Differenzen der Ordinatenwerte wurden in der Reihenfolge der Äußerungen gebildet (/i_1/ - /e_1/, ...). Aus den fünf Differenzwerten wurde für jedes Vokalpaar und jeden Sprecher ein Mittelwert bestimmt (mittlere Differenz, siehe Tabelle 1). Insgesamt ergaben sich 18 Mittelwerte. Der Mittelwert d' dieser 18 Mittelwerte war für das Vokalpaar e-i $d'_{i\text{-}e}$ = 0,34 cm (Standardabweichung 0,16) und für das Vokalpaar o-u $d'_{u\text{-}o}$ = 0,52 cm. Die Unterschiede für das Vokalpaar e-i waren auf dem 0.1%-Niveau signifikant (t = 9.27), ebenso die Unterschiede für das Vokalpaar o-u (t = 10.06).

Tabelle 1. Mittlere Differenzen der Ordinatenwerte der Vokalpaare /i-e/ und /u-o/ in cm (n = 18 Sprecher)

Sprecher	1	2	3	4	5	6	7	8	9	10	11	12	13	14	15	16	17	18
$d'_{i\text{-}e}$	.25	.36	.25	.24	.42	.32	.24	.26	.34	.37	.55	.39	.22	.85	.25	.35	.18	.27
$d'_{u\text{-}o}$	.35	.38	.71	.45	.42	.44	.65	.25	.72	.35	.35	.81	.47	.64	.35	1.12	.35	.52

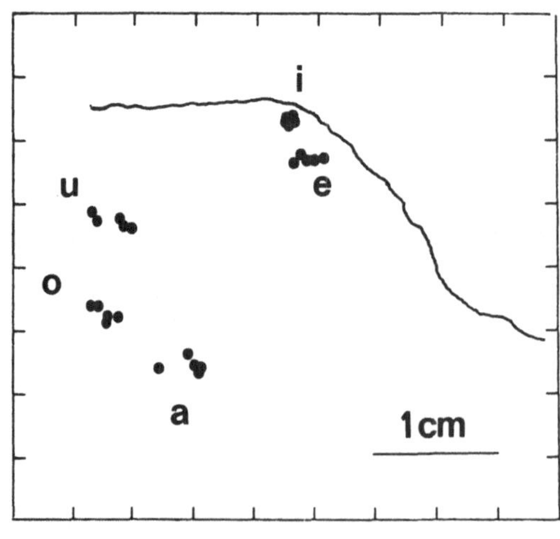

Abb. 5.18. Scheitelpunkte der Bewegungstrajektorien für die einzelnen Vokale (n = 5) im Kontext / ə pap, ə pep, ə pip, ə pop, ə pup/

5.1.3 Bewegungstrajektorien des Zungengrundes bei der Produktion von Vokalübergängen

In Abbildung 5.19 und 5.20 sind exemplarisch von vier Sprechern die Bewegungstrajektorien bei der Produktion der Vokalübergänge /a - i/, /e - i/, /o - i/, /u - i/ dargestellt. Für jeden der Sprecher finden sich relativ homogene Bewegungsmuster, die sich je nach Lage des Ruhepunktes, von dem die Bewegung startet, und der Lage der Zielpunkte für die Vokale individuell gestalten. Die Zielpunkte für die einzelnen Vokale liegen in den zu erwartenden vokalspezifischen Bereichen.

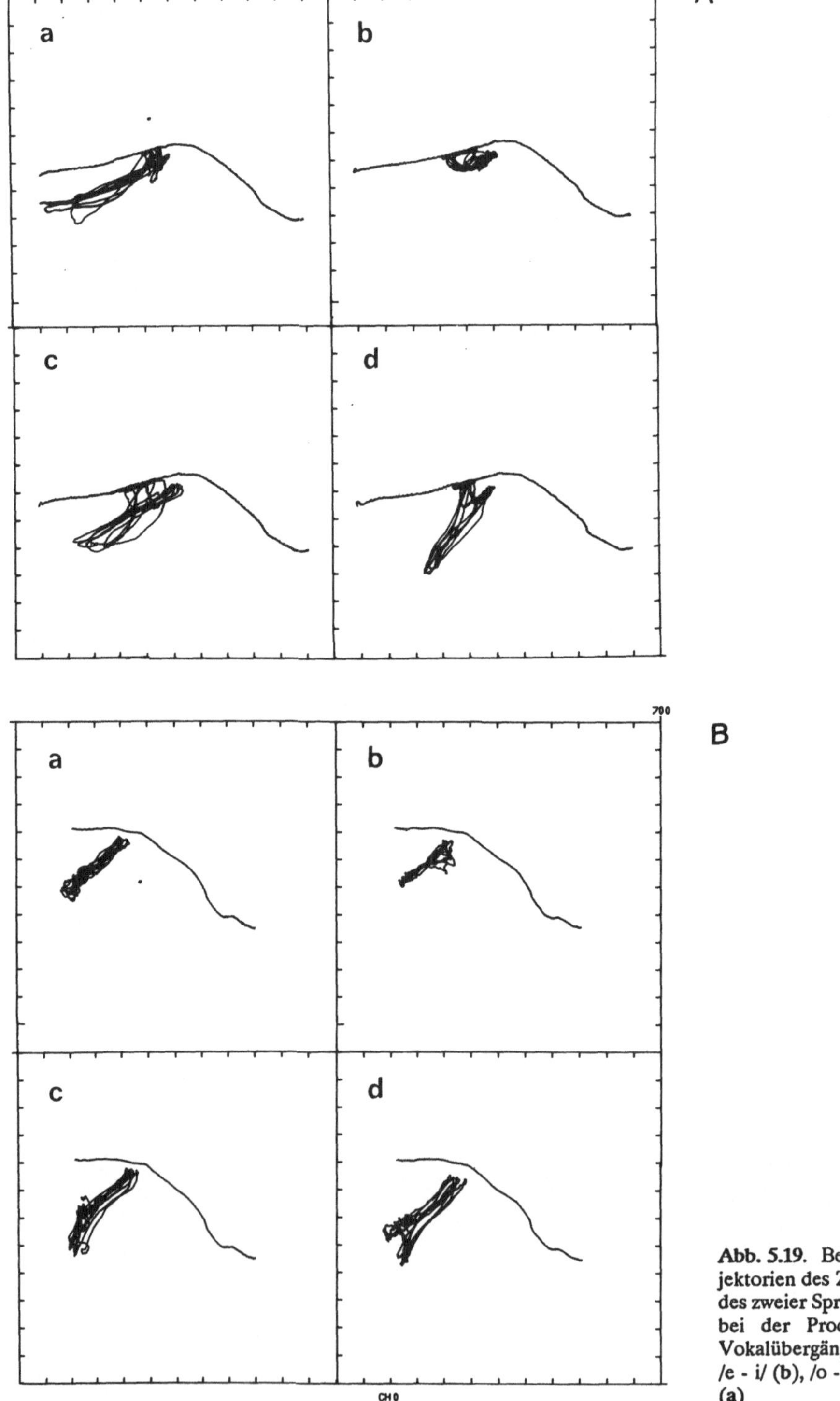

Abb. 5.19. Bewegungstrajektorien des Zungengrundes zweier Sprecher (**A, B**) bei der Produktion der Vokalübergänge /a - i/ (**d**), /e - i/ (**b**), /o - i/ (**c**), /u - i/ (**a**)

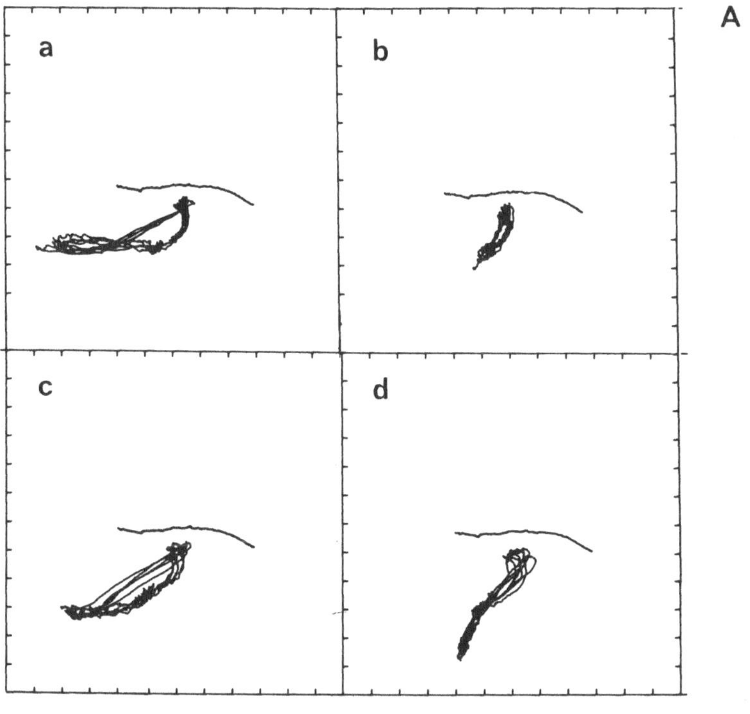

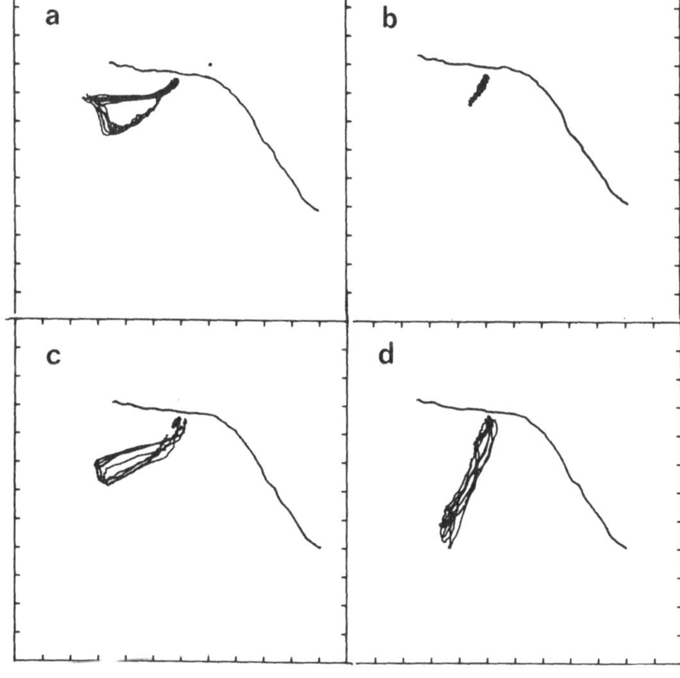

Abb. 5.20. Bewegungstrajektorien des Zungengrundes zweier Sprecher (**A, B**) bei der Produktion der Vokalübergänge /a - i/ (**d**), /e - i/ (**b**), /o - i/ (**c**), /u - i/ (**a**)

5.1.4 Bewegungstrajektorien des Zungengrundes bei der Produktion von Diphthongen

Als Diphthonge werden phonetisch einsilbige Verbindungen zweier Vokale bezeichnet, wie in /pfui/, /Mai/, /Heu/, /Maus/. Ihr linguistischer Status ist im Deutschen umstritten, teilweise werden sie als ein Phonem (Laut) aufgefaßt (monophonematische Wertung), teilweise als bisegmentale Phonemfolge, teilweise als Verbindung von Vokal und Konsonant (/aj/, /oj/, /uj/, /aw/) (Meinhold u. Stock, 1980).

In Abbildung 5.21 sind die Bewegungstrajektorien des Zungengrundes einzeln dargestellt (Sprecher 1). Es fällt auf, daß bei jedem Diphthong vom Zungengrund zwei gut zu unterscheidende Zielpunkte angesteuert werden. Vom Ruhelagepunkt aus werden zuerst Zielpunkte erreicht, die den Bereichen der Vokale /u/, /a/, /o/ nahekommen, dann Punkte, die für /ai/, /ui/, /eu/ in Richtung /i/, und für /au/ in Richtung /u/ liegen. Ähnliche Bewegungsverläufe von zwei weiteren Sprechern finden sich in Abbildung 5.22 und 5.23.

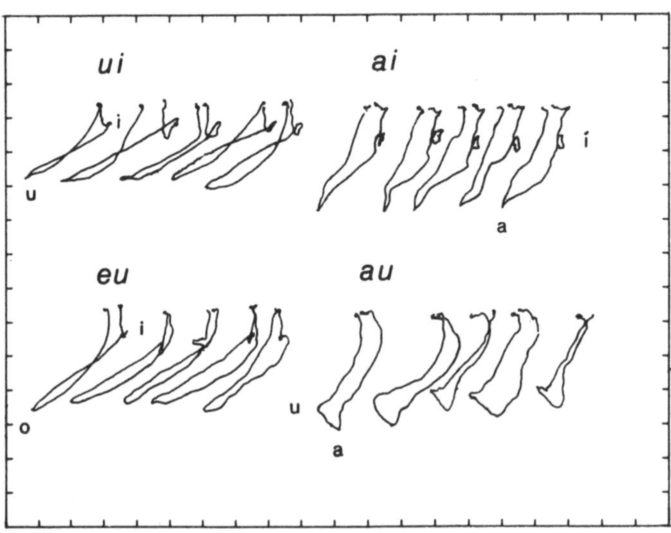

Abb. 5.21. Einzeltrajektorien der Zungengrundbewegung bei der Produktion von isolierten Diphthongen (/ui/ wie in /pfui/, /ai/ wie in /Mai/, /eu/ wie in /Heu/, /au/ wie in /Maus/)

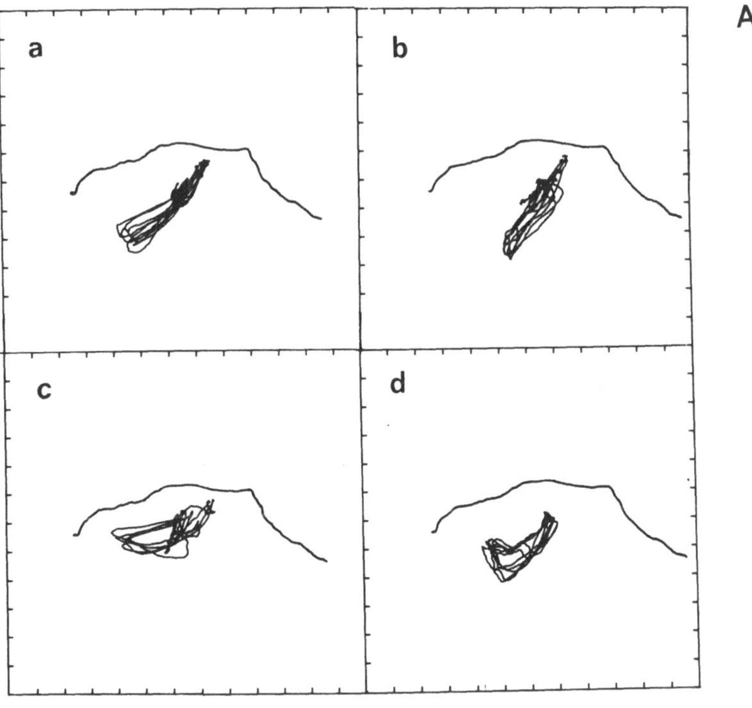

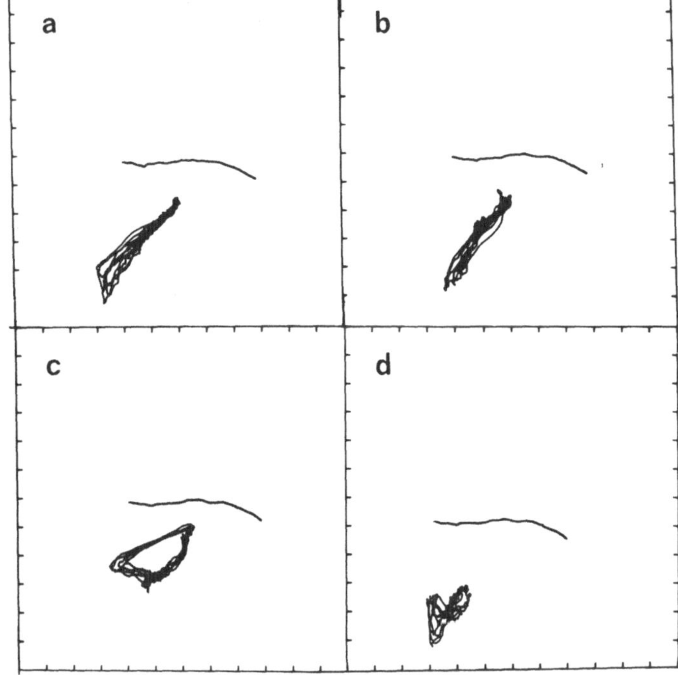

Abb. 5.22. Trajektorien der Zungengrundbewegung bei der fünffachen Produktion von isolierten Diphthongen (/ui/ wie in /pfui/, /ai/ wie in /Mai/, /eu/ wie in /Heu/, /au/ wie in /Maus/). Zwei Sprecher (**A** und **B**). Alle fünf Bewegungen sind jeweils in einen xy-Rahmen geplottet

5.1.5 Bewegungstrajektorien des Zungengrundes und der Zungenspitze bei der Produktion von Konsonanten

Die Bewegungstrajektorien der Zungenspitze und ihre Lage zum Gaumen bei der Bildung der Konsonanten /č/ wie in /Tschechow/, /ts/ wie in /Zahn/, /s/ wie in /Rassen/, /t/ wie in /Tanne/, /n/ wie in /Name/ und /l/ wie in /Lamm/ sind in Abbildung 5.23 dargestellt. Die Empfängerspule ist 1 cm vom Vorderende der Zunge entfernt angebracht. Alle Konsonanten wurden in Verbindung mit nachfolgendem /a/ fünfmal gesprochen. Alle Äußerungen stammen von demselben Sprecher. Für die Bildung des /s/ findet sich ein Zwischenraum von 1 bis 2 mm zwischen Zunge und Gaumen. Durch diese Enge wird die Luft zur Geräuscherzeugung für das /s/ hindurchgepreßt. Bei der Produktion der übrigen Konsonanten kommt es an unterschiedlichen Bereichen des

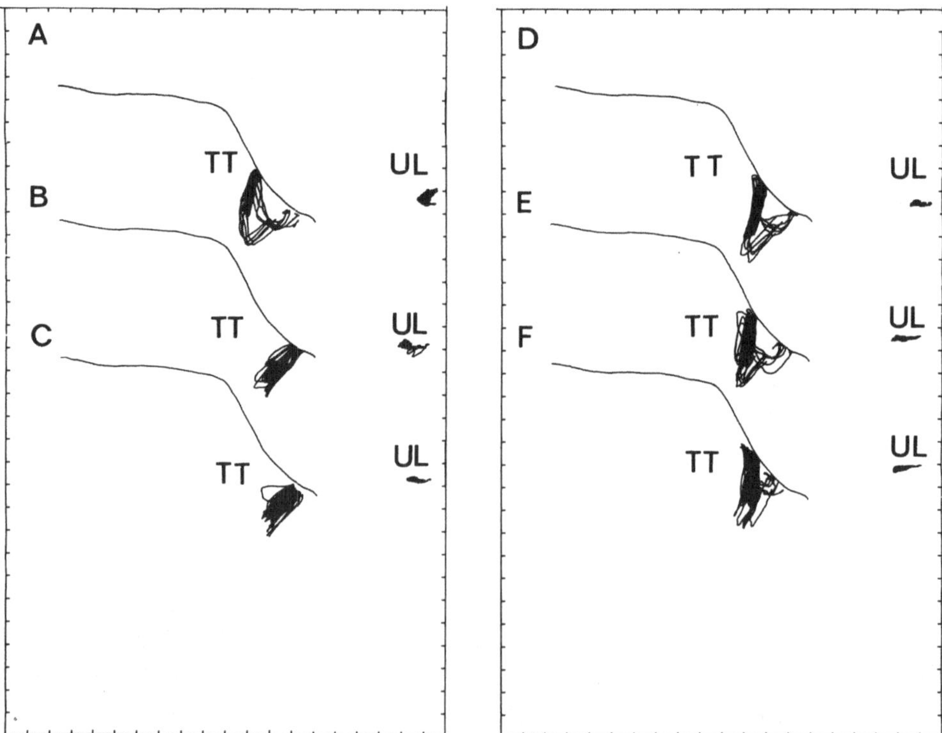

Abb. 5.23. Bewegungstrajektorien der Zungenspitze (TT) und der Oberlippe (UL) bei der fünffachen Produktion der Konsonanten /č/ wie in /Tschechow/ (A), /ts/ wie in /Zahn/ (B), /s/ wie in /Rassen/ (C), /t/ wie in /Tanne/ (D), /n/ wie in /Name/ (E) und /l/ wie in /Lamm/ (F). Alle Konsonanten wurden in Verbindung mit dem Vokal /a/ gesprochen. Alle Äußerungen stammen von demselben Sprecher. Zusätzlich: Darstellung des Gaumens

Gaumens zu einer Verschlußbildung der Zungenspitze mit dem Gaumen. Bei den teilweise langsamer gesprochenen Konsonanten /c/, /t/, /n/ und /l/ sind die Einstellbewegungen aus der Ruhelage und die größeren Öffnungsbewegungen für das /a/ zu sehen. Daß trotz unterschiedlicher Sprechgeschwindigkeit die Kontaktpunkte mit dem Gaumen gleichbleiben, ist aus Abbildung 5.24 zu ersehen.

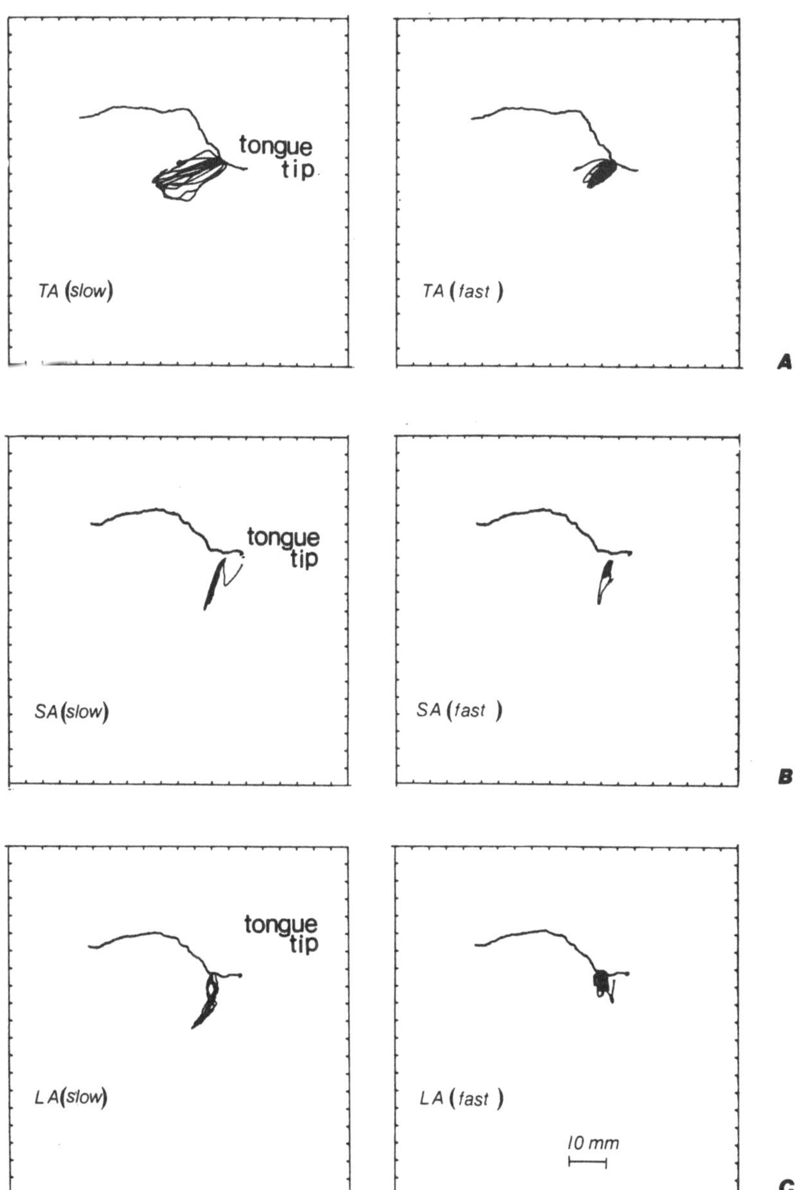

Abb. 5.24. Bewegungstrajektorien der Zungenspitze bei der fünffachen Produktion der Konsonanten /t/, /s/, /l/ in Verbindung mit dem Vokal /a/, links mit langsamer, rechts mit schneller Sprechgeschwindigkeit (B und C stammen von einem Sprecher, A von einem anderen Sprecher)

5.1.6 Bewegungstrajektorien des Zungengrundes, der Zungenspitze, des Unterkiefers und der Lippe bei der Produktion von isolierten Wörtern

In den Abbildungen 5.25 bis 5.29 werden exemplarisch von verschiedenen Sprechern die Bewegungstrajektorien von Zungengrund, Zungenspitze, Unterkiefer und Unterlippe bei der Produktion von isolierten Wörtern demonstriert. Die vier Artikulatorpunkte wurden in unterschiedlicher Kombination abgeleitet. Das Wortmaterial wurde teilweise so ausgewählt, daß nur geringe Unterschiede zwischen den Wörtern bestehen (sogenannte Minimalpaare, die sich nur in einem phonetischen Merkmal unterscheiden). Bei der Analyse der Trajektorien ist trotz der geringen sprachlichen Differenzen zwischen den einzelnen Wörtern eine Tendenz zur Musterbildung in den Be-

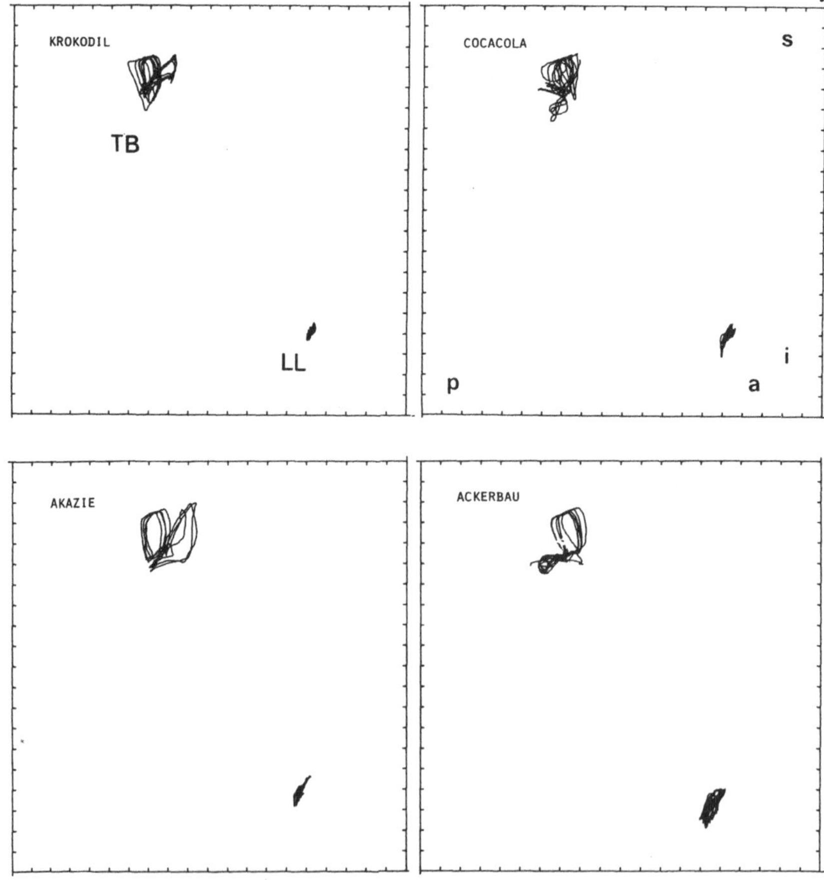

Abb. 5.25. Bewegungstrajektorien von Zungengrund (TB) und Unterkiefer (J) bei der fünffachen Äußerung der Wörter /Krokodil/, /CocaCola/, /Akazie/, /Ackerbau/; a: anterior, p: posterior, s: superior, i: inferior

wegungsabläufen zu erkennen. Einige der Wörter wurden in langsamer und schneller Sprechweise geäußert, um den Effekt der Sprechgeschwindigkeit auf den Verlauf der Bewegungsbahnen bei identischem Sprachmaterial nachzuweisen. Wie Abbildung 5.26 (oben) zeigt, kommt es zu deutlichen Abänderungen der Bewegungsmuster unter der Änderung der Sprechgeschwindigkeit (vgl. auch Abbildung 5.24).

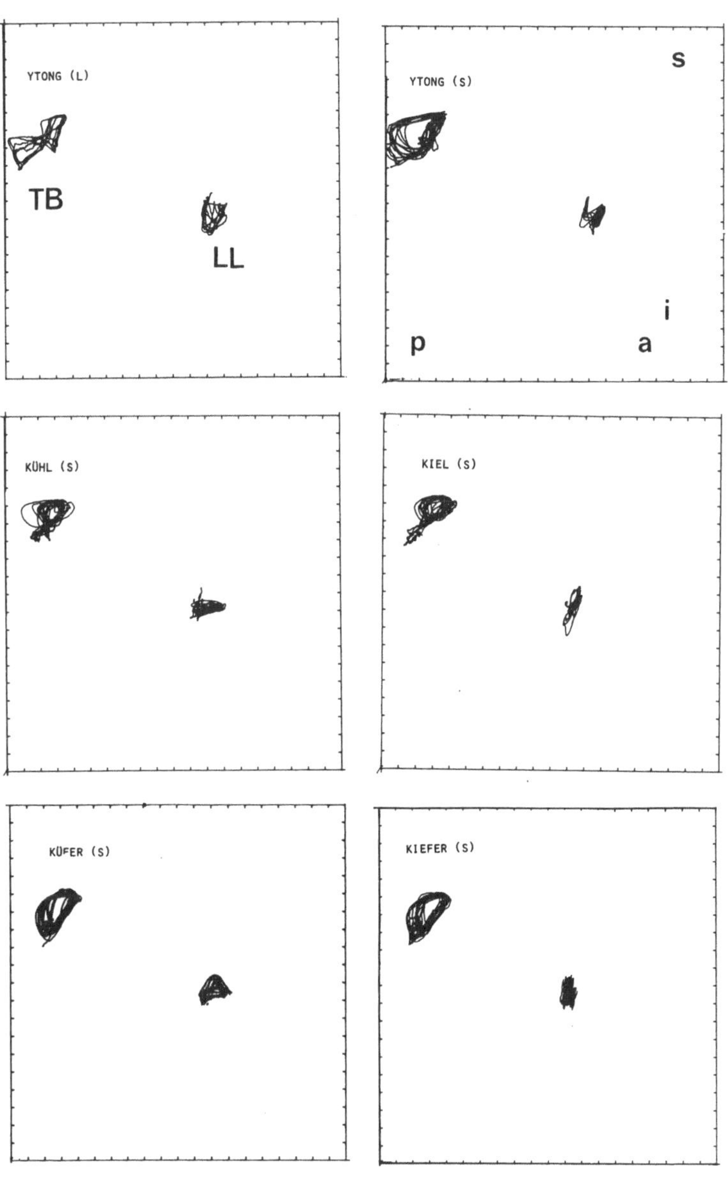

Abb. 5.26. Bewegungstrajektorien von Zungengrund (TB) und Unterlippe (LL) bei der fünffachen Äußerung der Wörter /Ytong/ (s = schnell, l = langsam gesprochen) und /kühl/, /Kiel/, /Küfer/ und /Kiefer/; a: anterior, p: posterior, s: superior, i: inferior

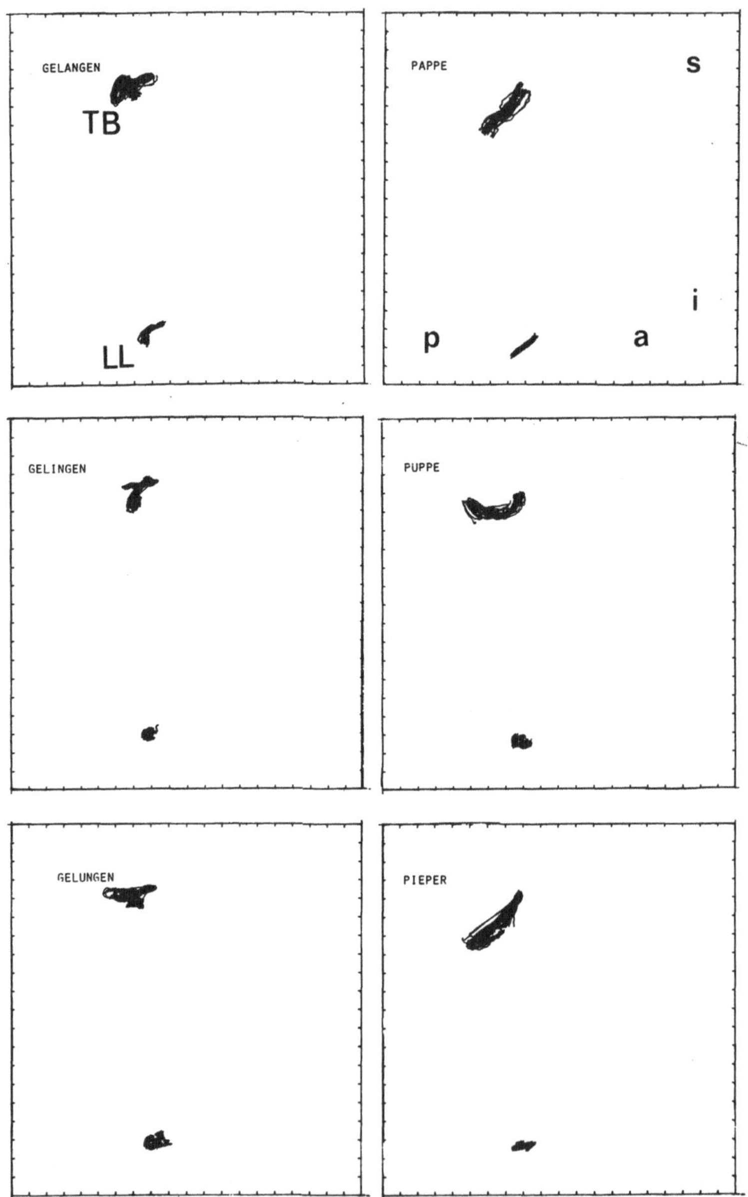

Abb. 5.27. Bewegungstrajektorien von Zungengrund (TB) und Unterkiefer (J) bei der fünffachen Äußerung der Wörter /gelingen/, /gelangen/, /gelungen/, /Pieper/, /Pappe/, /Puppe/; **a**: anterior, **p**: posterior, **s**: superior, **i**: inferior

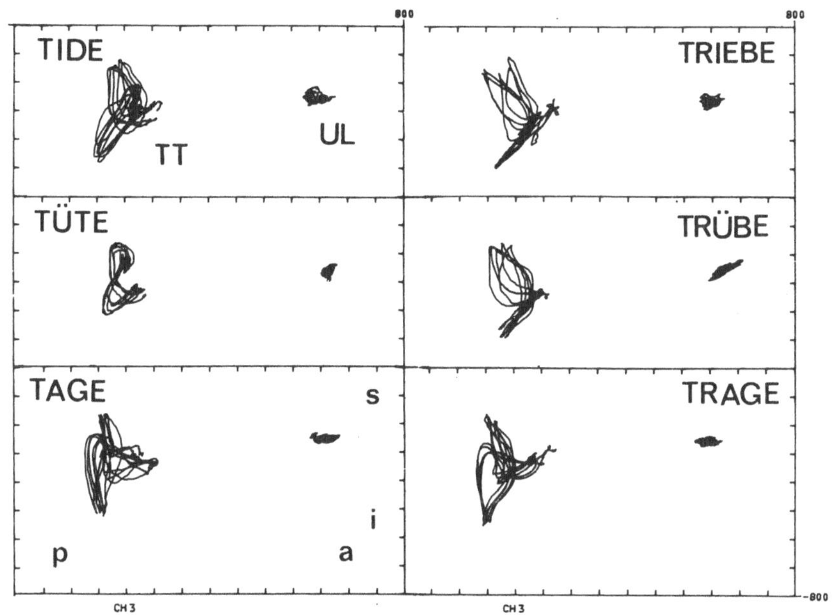

Abb. 5.28. Bewegungstrajektorien von Zungengrund (TT) und Oberlippe (UL) bei der fünffachen Äußerung der Wörter /Tide/, /Tüte/, /Tage/, /Triebe/, /Trübe/, /Trage/; a: anterior, p: posterior, s: superior, i: inferior

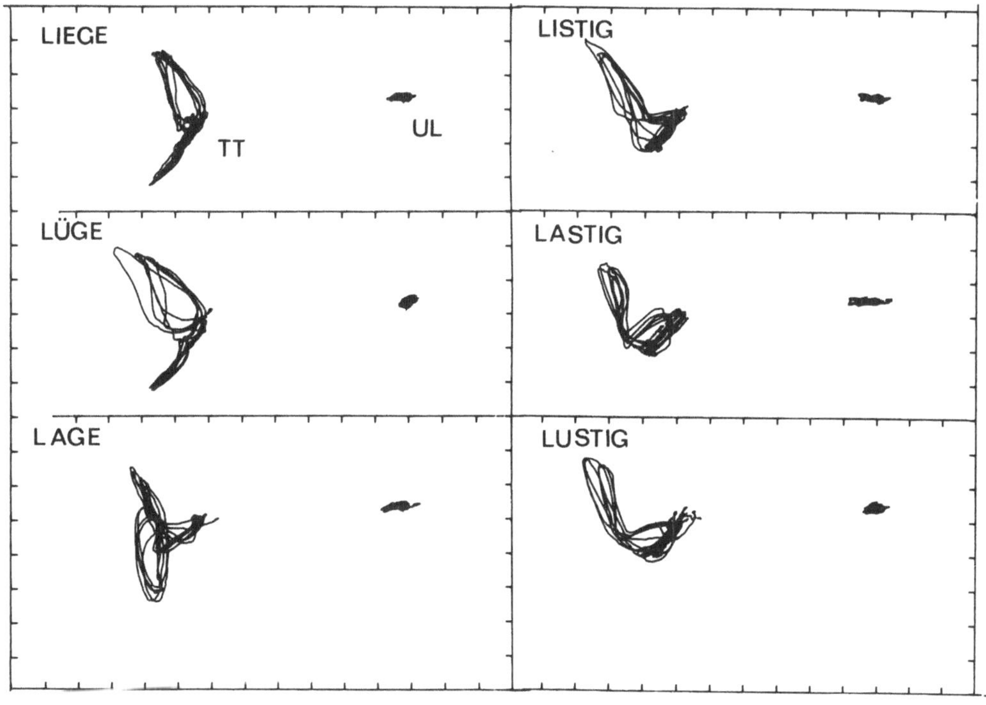

Abb. 5.29. Bewegungstrajektorien von Zungenspitze (TT) und Oberlippe (UL) bei der fünffachen Äußerung der Wörter /Liege/, /Lüge/, /Lage/, /listig/, /lastig/, /lustig/

5.1.7 Differentielle Bewegungstrajektorien bei der Produktion von Wörtern mit Kurz- versus Langvokalen

Im deutschen Vokalsystem ist die Unterscheidung von kurzen und langen Vokalen, die in der Regel auch mit einer qualitativen Abstufung (offen versus geschlossen, gespannt versus ungespannt) einhergeht, von wesentlicher Bedeutung (Meinhold u. Stock, 1980, S. 79 ff). Allein auf Grund der quantitativen und qualitativen Unterschiede ihrer Vokale können im Deutschen unterschiedliche Wörter gebildet werden wie /Kamm/ versus /kam/, /Nase/ versus /nasse/. Die bewegungsphysiologische Untersuchung der Wortpaare /Nase/ versus /nasse/ und /Zote/ versus /Zotte/ bei elf gesunden Sprechern (sechs Männer und fünf Frauen; Durchschnittsalter: 25,3 Jahre, Altersverteilung: 22 bis 28 Jahre) erbrachte deutliche Unterschiede in den Bewegungstrajektorien der Zungenspitze bei der Produktion dieser Wörter (Abbildung 5.30, 5.31). Analysiert wurde die Amplitude und die Dauer der Zungenspitzenbewegung für die Produktion des Vokals /a/ und /o/. Die Dauer wurde zu dem Zeitpunkt bestimmt, zu dem 50 % der maximalen Bewegungsamplitude erreicht waren (Abbildung 5.32). Die mittleren Amplitudenwerte wurden aus fünf Äußerungen pro Wort für jede Versuchsperson ermittelt. Die Werte sind in Tabelle 2 und 4 aufgeführt. Die Mittelwerte für die Amplituden des Wortpaares /Nase/ versus /nasse/ unterscheiden sich signifikant auf dem 0,01%-Niveau (T-Test; t = 7,19, mittlere Differenz = 0,45 cm, Standardabweichung = 0,21), die Mittelwerte für das Wortpaar /Zotte/ versus /Zote/ unterscheiden sich ebenfalls auf dem 0,01%-Niveau (T-Test; t = 6,27, mittlere Differenz = 0,48 cm, Standardabweichung = 0,25).

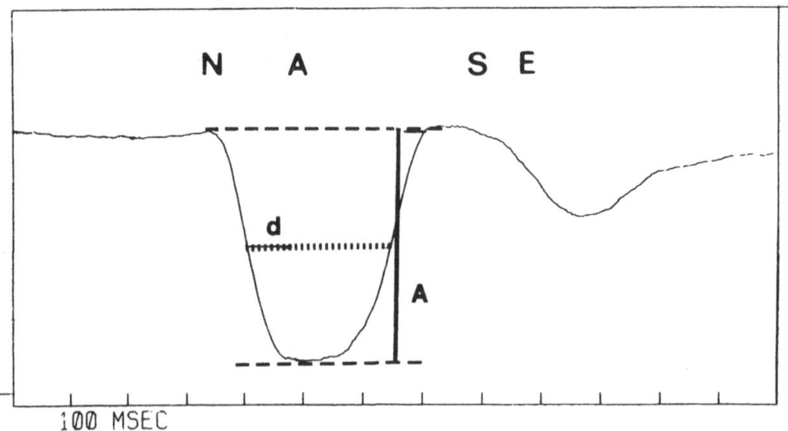

Abb. 5.30. Bestimmung der maximalen y(t)-Amplitude und der Bewegungsdauer (Details siehe im Text)

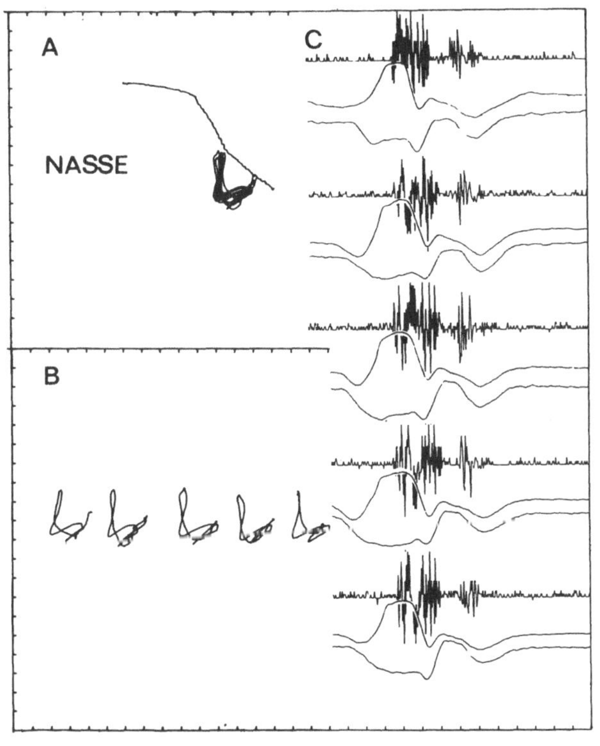

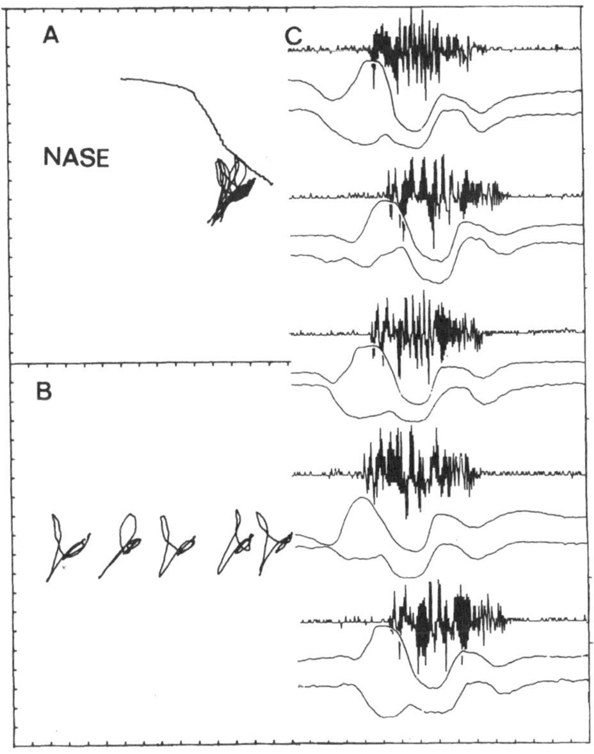

Abb. 5.31. Bewegungstrajektorien der Zungenspitze während der Produktion von /Nase/ und /nasse/, A: x/y-Darstellung, overlay plot; B: x/y-Darstellung, Einzelplot; C: x(t), y(t) Darstellung mit Sprachsignal für jede der fünf Äußerungen

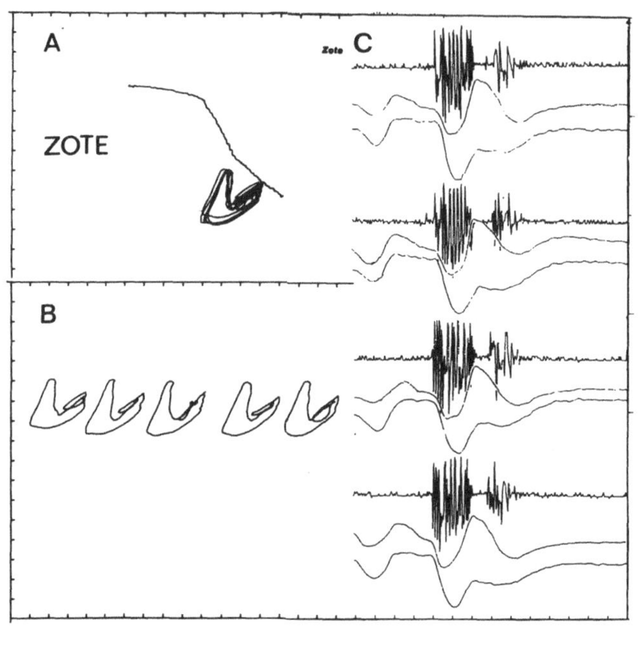

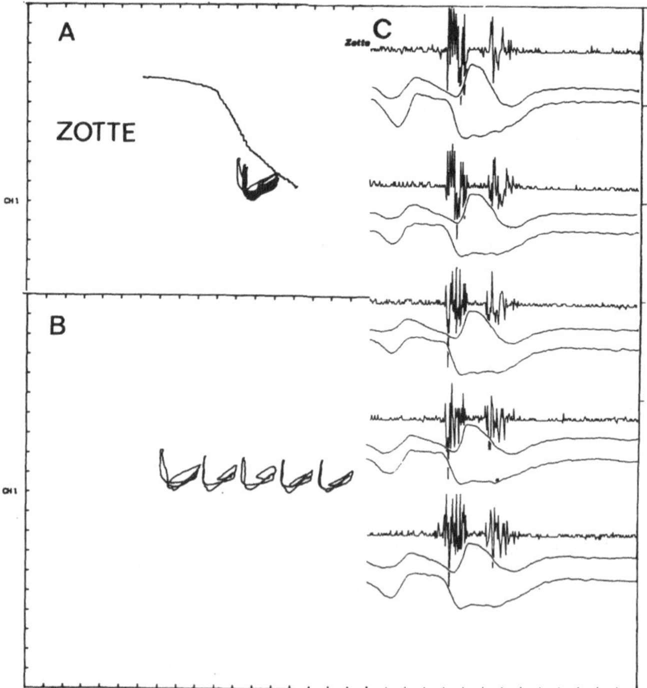

Abb. 5.32. Bewegungstrajektorien der Zungenspitze während der Produktion von /Zote/ und /Zotte/, **A**: x/y-Darstellung, overlay plot; **B**: x/y-Darstellung, Einzelplot; **C**: x(t), y(t) Darstellung mit Sprachsignal für jede der fünf Äußerungen

Auch die Unterschiede der Bewegungsdauer der Vokalproduktion waren für /Nase/ versus /nasse/ auf dem 0,01%-Niveau signifikant (T-Test; t = 20,56; mittlere Differenz = 126,8 ms, Standardabweichung = 20,46), für /Zotte/ versus /Zote/ waren die Unterschiede ebenfalls auf dem 0,01%-Niveau signifikant (T-Test; t = 5,56; mittlere Differenz = 74,82 ms, Standardabweichung = 44,59).

Bezüglich der Vokallänge sind die bewegungsphysiologisch ermittelten Vokaldauern den von Antoniadis u. Strube (1984) akustisch ermittelten Werten vergleichbar. Für das Lange /a:/ fanden sie eine mittlere Dauer von 183,7 ms, für das kurze /a/ von 78,2 ms, für das lange /o:/ von 155,0 ms, für das kurze /o/ von 75,7 ms.

Tabelle 2. Mittelwerte (n = 5) der Bewegungsamplituden während der Produktion der kurzen und langen Vokale für die einzelnen Versuchspersonen in cm

Vp	Nase	Nasse	Zote	Zotte
1	1.01	.81	1.19	.85
2	1.60	1.01	.85	.76
3	1.49	.96	.87	.67
4	1.68	1.21	1.34	.75
5	1.99	1.12	1.90	1.02
6	1.44	1.02	1.17	.75
7	1.58	1.19	1.48	.79
8	1.65	1.22	1.52	.86
9	1.12	.91	.96	.72
10	1.35	1.16	1.09	.69
11	1.81	1.18	1.64	.89

Tabelle 3. Mittelwerte (n = 5) der Vokaldauer während der Produktion der kurzen und langen Vokale für die einzelnen Versuchspersonen in ms

Vp	Nase	Nasse	Zote	Zotte
1	218	100	326	200
2	232	125	226	160
3	248	108	202	106
4	238	108	202	198
5	250	86	238	73
6	204	111	156	102
7	242	105	209	104
8	220	109	221	174
9	214	102	232	182
10	239	98	205	156
11	248	106	228	167

5.1.8 Die zeitliche Koordination von Unterkieferbewegung und Phonation bei unterschiedlicher Sprechgeschwindigkeit

Bei Nicht-Sprechbewegungen, wie z.B. beim Gehen, bleiben die relativen zeitlichen Beziehungen z.B. zwischen den elektromyographischen Aktivitäten von Agonist und Antagonist bei Änderung der Bewegungsgeschwindigkeit konstant (Grillner, 1975; Engberg u. Lundberg, 1966). Ob auch bei Sprechbewegungen ähnliche zeitliche Koordinationsprinzipien vorliegen, wenn die Sprechgeschwindigkeit systematisch verändert wird, war Ziel der Untersuchung der relativen Zeitstruktur von Unterkieferbewegung und Phonation. Es sollte herausgefunden werden, ob für die Sprechmotorik ebenfalls konstante relative Zeitbeziehungen zwischen den Artikulatorbewegungen charakteristisch sind.

Es wurden sechs gesunde Sprecher (zwei Frauen und vier Männer mit einem Durchschnittsalter von 27,8 Jahre, Altersverteilung: 25 – 42 Jahre) untersucht. Die Versuchspersonen sprachen repetitive /papapa.../ Sequenzen mit unterschiedlichem Sprechtempo von 1 Hz, 2 Hz, 4 Hz und mit maximaler Sprechgeschwindigkeit). Das Sprechtempo von 1 Hz, 2 Hz und 4 Hz wurde von einem Taktgeber vorgegeben. Die Unterkieferbewegungen wurden mit Hilfe der elektromagnetischen Artikulographie,

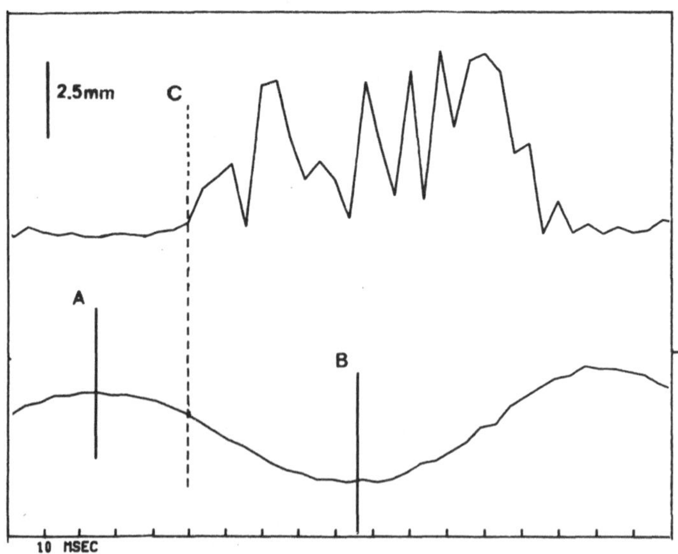

Abb.5.33. Akustisches Signal (oben) und Unterkieferbewegung (unten) während der Produktion von /pa/ bei maximaler Sprechgeschwindigkeit; das Positionssignal (y-Achse) ist als Zeitfunktion dargestellt. **A:** Beginn der Unterkieferöffnungsbewegung, **B:** Ende der Unterkieferöffnungsbewegung; die Punkte A und B wurden als Nulldurchgangspunkte der Geschwindigkeit von y bestimmt; **C:** Beginn der Phonation. L_1 = Dauer AB, L_2 = Dauer AC

die Stimmbandschwingungen mit einem Beschleunigungsmesser registriert. Für jede /pa/-Äußerung wurden der Beginn der Unterkieferöffnungsbewegung (A, in Abbildung 5.33), der Zeitpunkt der maximalen Kieferöffnung (B, in Abbildung 5.33), jeweils als Nulldurchgang der ersten Ableitung der Kieferbewegung, und der Beginn der Phonation (C, in Abbildung 5.33) bestimmt und die Latenzen L_1 von A nach B und die Latenzen L_2 von A nach C berechnet. Insgesamt wurden für jeden Sprecher die Latenzen von 25 /pa/-Äußerungen je Sprechgeschwindigkeit ausgewertet. Für einen Sprecher sind die Latenzen für die vier Geschwindigkeitsbedingungen in Abbildung 5.34 dargestellt. Für die anderen Sprecher ergaben sich im wesentlichen ähnliche Verteilungsmuster. Pro Versuchsperson wurde über alle Sprechgeschwindigkeiten hinweg eine lineare Korrelation zwischen L_1 und L_2 berechnet. Die Korrelationskoeffizienten waren für alle Versuchpersonen hoch, für Versuchperson $r_1 = 0.95$, für Versuchperson $r_2 = 0.89$, für Versuchsperson $r_3 = 0.92$, für Versuchperson $r_4 = 0.96$, für Versuchperson $r_5 = 0.91$, für Versuchperson $r_6 = 0.87$. Dies bedeutet, daß die relative Zeitstruktur von Phonationsbeginn und Ablauf der Kieferbewegung unabhängig von Änderungen der Sprechgeschwindigkeit ist, obwohl die absolute Dauer zwischen Beginn der Kieferöffnungsbewegung und maximaler Kieferöffnung und der absolute Zeitpunkt des Phonationsbeginns variieren.

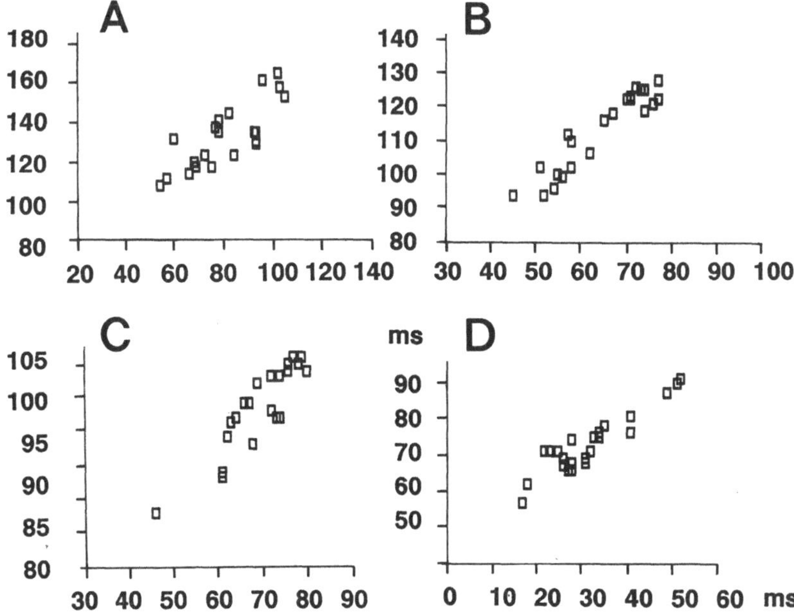

Abb. 5.34. Zeitliche Koordination zwischen Unterkieferbewegung und Phonation bei unterschiedlichen Sprechgeschwindigkeiten (A: 1Hz, B: 2Hz, C: 4Hz, D: maximale Sprechgeschwindigkeit). L1: Latenz vom Beginn der Unterkieferöffnungsbewegung bis zum Ende der Unterkieferöffnungsbewegung; L2: vom Beginn der Unterkieferöffnungsbewegung bis zum Beginn der Phonation

5.2 Artikulographische Untersuchungen zur Pathophysiologie der Sprechmotorik

Auf Grund der bisherigen methodischen Schwierigkeiten bei der direkten Analyse der Sprechbewegungen gibt es nur wenige Untersuchungen der Sprechmotorik bei Patienten mit neurologischen Sprechstörungen, insbesondere trifft dies für die direkte Untersuchung der Zungenmotorik zu (Kent et al., 1975; Hirose et al., 1978). Bei der kineradiographischen Untersuchung von Kent et al. (1975) wurden wegen der Strahlenbelastung nur einige wenige sprachliche Äußerungen registriert und der Bewegungsbereich einzelner Artikulatoren exploriert. Dynamische Aspekte der Sprechmotorik, z.B. die zeitliche Koordination einzelner Artikulatoren, wurden wegen der geringen zeitlichen Auflösung und der aufwendigen Einzelbildanalyse nicht untersucht.

Im folgenden werden zunächst die Ergebnisse der quantitativen Untersuchung der zeitlichen Koordination der Unterkieferbewegung und der Phonation, die an Patienten mit einer zerebellären Dysarthrie durchgeführt wurde, vorgestellt. Dann folgen die Ergebnisse einer qualitativen Analyse der Störung der Bewegungsabläufe bei diesen Patienten. Abschließend werden qualitative Untersuchungsergebnisse von einzelnen Patienten mit anderen neurogenen Sprechstörungen dargestellt.

5.2.1 Verlust der zeitlichen Koordination von Unterkieferbewegung und Phonation bei Patienten mit zerebellärer Sprechstörung

Untersucht wurden zwölf gesunde Sprecher (V_1 - V_{12}), 2 Frauen und 10 Männer (Altersverteilung: 25 – 53 Jahre, mittleres Alter 31,7) und zwölf Patienten (D_1 – D_{12}), zwei Frauen und 10 Männer (Altersverteilung: 23 - 62 Jahre, mittleres Alter: 38,0 Jahre) (s. Tabelle 4). Bei allen Patienten lag nach den Kriterien von Darley et al. (1975) eine zerebelläre Dysarthrie vor mit ungenauer Artikulation der Konsonanten, prosodischer Störung, unregelmäßigem Zusammenbruch der Artikulation, Verlängerung der Phoneme, Verlängerung der Intervalle zwischen Silben und Wörtern und Verlangsamung des Sprechtempos. Alle Patienten wiesen unter den typischen Kleinhirnsymptomen einen ausgeprägten Intentionstremor auf, der bei Zeigebewegungen mit Hilfe der elektromagnetischen Artikulographie vor der Untersuchung registriert wurde.

Tabelle 4. Übersicht über die Patienten und gesunden Sprecher

Diagnose	Anzahl	weibl.	männl.	Altersverteilung (mittleres Alter, J.)
Encephalomyelitis disseminata	8	2	6	23 - 38 (32)
Kleinhirninfarkt	3	1	2	59, 48, 62
Friedreichsche Heredoataxie	1		1	34
Bulbärparalyse	1		1	68
Athetose	1	1		34
Gesunde Sprecher (insgesamt)	41	12	29	22 - 53 (27)

Abbildung 5.39 zeigt exemplarisch die Bewegungsbahn des Zeigefingers bei der Zielbewegung eines Patienten.

Die Versuchspersonen sprachen repetitive /papapa.../-Sequenzen mit spontanem Sprechtempo. Ein spontanes Sprechtempo war gewählt worden, um nicht durch die Vorgabe eines externen Rhythmus die Koordinationsleistung zu stören bzw. gegebenfalls zu verbessern. Die Unterkieferbewegungen wurden mit Hilfe der elektromagnetischen Artikulographie, die Stimmbandschwingungen mit einem Beschleunigungsmesser, der über dem Schildknorpel fixiert wurde, registriert (Transducer BU 1771, Fa. Knowles Electronics Co., Burgess Hill, England).

Für jede /pa/-Äußerung wurden der Beginn der Unterkieferöffnungsbewegung (A, in Abbildung 5.35), der Zeitpunkt der maximalen Kieferöffnung (B, in Abbildung 5.35), jeweils als Nulldurchgang der ersten Ableitung der Kieferbewegung, und der Beginn der Phonation (C, in Abbildung 5.35) bestimmt und die Latenzen L_1 von A nach B und die Latenzen L_2 von A nach C berechnet. Insgesamt wurden für jeden Sprecher die Latenzen von 25 /pa/-Äußerungen ausgewertet. Für zwei Patienten und zwei gesunde Sprecher sind die Latenzen L_1 und L_2 in Abbildung 5.35 dargestellt. Jeder Punkt repräsentiert eine /pa/-Äußerung.

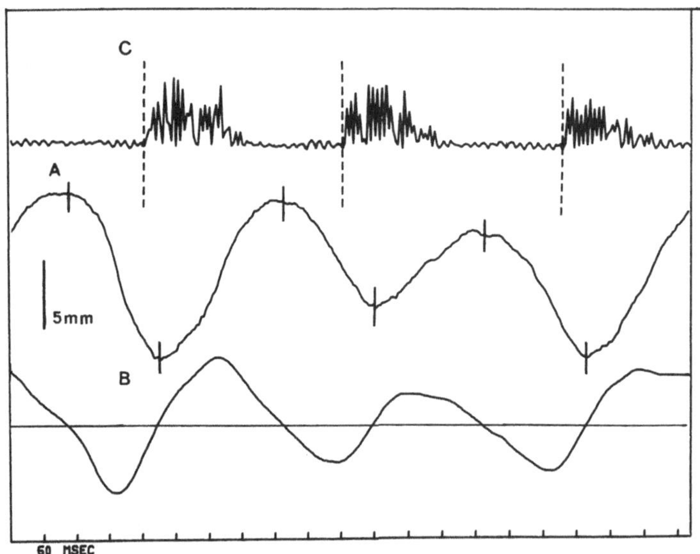

Abb. 5.35. Akustisches Signal (oben) und Unterkieferbewegung (Mitte) während der Produktion von /pa/ bei spontaner Sprechgeschwindigkeit; die Unterkieferposition (y-Achse) ist als Zeitfunktion dargestellt, unten: (y'(t)). A: Beginn der Unterkieferöffnungsbewegung, B: Ende der Unterkieferöffnungsbewegung; die Punkte A und B wurden als Nulldurchgangspunkte der Geschwindigkeit von y(t) bestimmt; C: Beginn der Phonation

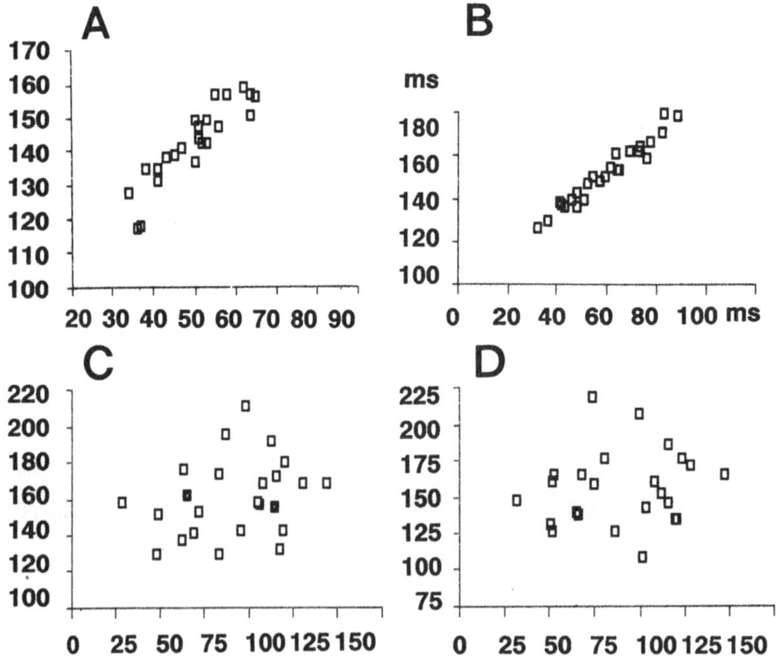

Abb. 5.36. Zeitliche Beziehung zwischen Phonationsbeginn und Unterkieferbewegung bei spontaner Sprechgeschwindigkeit für zwei gesunde Sprecher V1 und V2 (A, B) und zwei Patienten D1 und D2 (C, D). Jeder Punkt entspricht einer /pa/-Äußerung. L1: Latenz vom Beginn der Unterkieferöffnungsbewegung bis zur maximalen Öffnung, L2: vom Beginn der Unterkieferöffnungsbewegung bis zum Beginn der Phonation

Wie Abbildung 5.36 vermuten läßt, besteht bei den beiden gesunden Sprechern ein enger Zusammenhang zwischen dem Beginn der Phonation, gemessen als Latenz vom Beginn der Unterkieferbewegung und der Zeit vom Beginn der Unterkieferöffnungsbewegung bis zum Ende der Unterkieferöffnungsbewegung. Bei den beiden Patienten hingegen liegt offensichtlich kein derartiger Zusammenhang vor. Die Berechnung einer Pearson-Produkt-Momentkorrelation erbrachte für die gesunden Sprecher eine hohe Korrelation zwischen 0,90 und 0,97, während die Korrelationskoeffizienten für die beiden Patienten lediglich zwischen 0,30 und 0,29 lagen. Die Werte der Korrelationskoeffizienten für die übrigen gesunden Sprecher und Patienten waren ähnlich hoch bzw. niedrig.

Für die gesunden Sprecher ergeben sich damit Werte, die denen der Korrelationskoeffizienten der gesunden Sprecher in der Untersuchung in Kapitel 5.1.8 vergleichbar sind. Die Korrelationen sind bei den gesunden Sprechern hoch, obwohl die absoluten Zeiten von L_1 und L_2 variieren. Dies bedeutet, daß bei den gesunden Sprechern die relative Zeitstruktur von Phonationsbeginn und Ablauf der Kieferbewegung auch beim spontanen Sprechtempo invariant ist, und stimmt mit den Ergebnissen in Kapitel 5.1.8 überein. Im Gegensatz dazu ist bei den untersuchten Patienten der Beginn der Phonation nicht mit der Kieferöffnungsbewegung korreliert, was sich in ihren niedrigen Werten der Korrelationskoeffizienten dokumentiert. Es kommt offenbar bei diesen Patienten mit einer zerebellären Sprechstörung zu einer Auflösung der bei den gesunden Sprechern durch invariante relative Zeitstrukturen festgelegten Koordination zwischen einzelnen Artikulatoren. Ein Vergleich der Mittelwerte der Latenzen der Patienten und der Gesunden ergab lediglich für die L_1-Latenzen einen signifikanten Unterschied ($p = 0{,}0001$, $t = 10{,}25$), die L_2-Latenzen unterschieden sich nicht signifikant ($t = 0{,}61$, $p = 0{,}05$). Der Mittelwert für die mittleren L_1-Latenzen lag für die Patienten mit 86,79 msec (Standardabweichung: 13,47) höher als bei den Gesunden mit 53,14 msec (Standardabweichung: 7,56). Der Mittelwert der mittleren L_2-Latenzen lag für die Gesunden bei 184,91 ms (Standardabweichung: 26,07), für die Patienten bei 166,2 ms (Standardabweichung: 20,24). Daß die L_2-Latenzen sich nicht signifikant unterscheiden, weist darauf hin, daß der zeitliche Ablauf der Unterkieferbewegung selbst (die Periodenlänge) ungestört ist. Sowohl die Korrelationsanalyse als auch der Vergleich der Latenzen zeigen, daß bei den Patienten eine Störung der interartikulatorischen Koordination vorliegt, während die intraartikulatorische Zeitstruktur intakt ist.

5.2.2 Pathologische Veränderungen der Mundmotorik bei Patienten mit zerebellären Sprechstörungen

Die neurologische Symptomatik zerebellärer Störungen, wie Dysmetrie, Ataxie, Dysdiadochokinese, Intentionstremor, wurde überwiegend im Bereich der Extremitätenmotorik, der Stand- und Gangmotorik sowie der Augenmotorik untersucht (Gilman et al., 1981; Bloedel et al., 1985). Unklar ist, ob sich diese Symptomatik im Bereich der orofazialen Motorik in gleicher Weise manifestiert, da die an der Sprechmotorik beteiligten anatomischen Strukturen im Vergleich zu denen der Extremitätenmotorik wesentliche Unterschiede aufweisen: so entfalten z.B. wichtige Muskeln wie die Zunge ihre Wirkung nicht an Gelenken, und in einigen Muskeln fehlen Muskelspindeln. Im folgenden soll an einzelnen Beispielen der Einfluß zerebellärer Störungen auf die Mundmotorik sowohl beim Sprechen als auch bei Nichtsprechbewegungen gezeigt werden.

Zeichen einer Ataxie in der Unterkieferöffnungsbewegung bei der Produktion von /pa/ bei einem Patienten mit einer ausgeprägten zerebellären Symptomatik im Rahmen einer Encephalomyelitis disseminata sind in Abbildung 5.37 wiedergegeben. In jeder der vier Äußerungen ist ein deutlicher Zerfall der beim Gesunden glatten, sinusför-

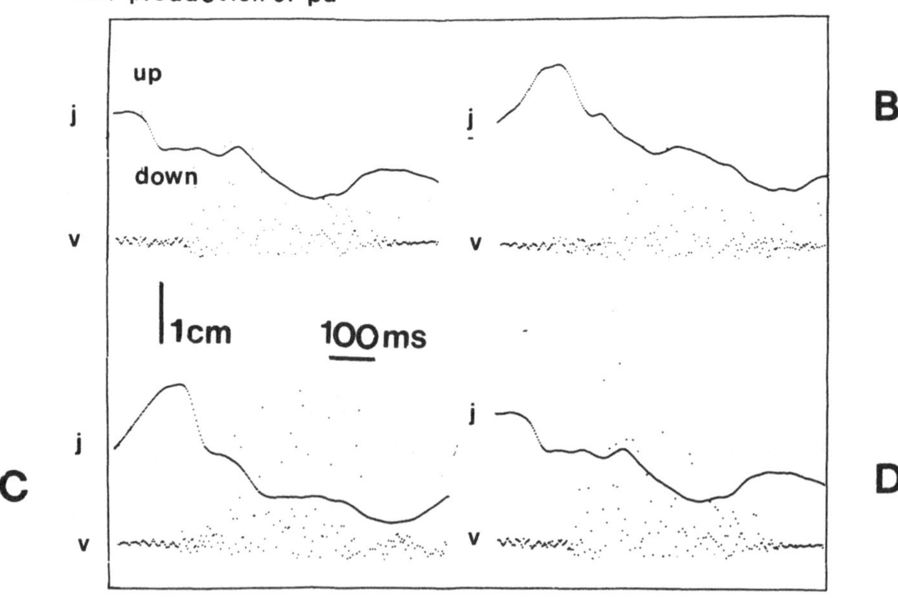

Abb. 5.37. Vier (A, B, C ,D) isolierte Äußerungen der Silbe /pa/ eines Patienten mit ausgeprägtem zerebellärem Syndrom (j: y(t) der Unterkieferbewegung; v: akustisches Signal). Es handelt sich um die photographische Reproduktion der Darstellung der Äußerungen von einem Graphikschirm (Details siehe Text)

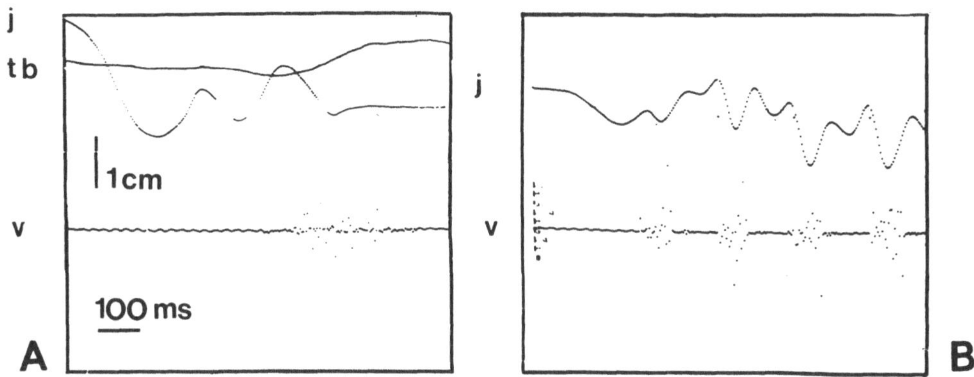

Abb. 5.38. Isolierte (A) und repetitive, schnelle Äußerung der Silbe /pa/ eines Patienten mit ausgeprägtem zerebellären Syndrom (j: Unterkieferbewegung y(t); **tb**: Zungengrundbewegung y(t); **v**: akustisches Signal). Es handelt sich um die photographische Reproduktion der Darstellung der Äußerungen von einem Graphikschirm (Details siehe Text)

migen Öffnungsbewegung des Unterkiefers zu erkennen, die Endposition der maximalen Öffnung wird nur stufenweise erreicht. Bemerkenswert ist ferner die Variabilität des Bewegungsverlaufs in den vier Äußerungen. In einer anderen /pa/-Äußerung dieses Patienten treten in der Endphase der Kieferöffnung zwei Oszillationen eines 5-Hz-Intentionstremors auf, wobei – möglicherweise verursacht durch dessen Auftreten – die Phonation im Vergleich zu den anderen /pa/-Äußerungen verspätet beginnt (Abbildung 5.38, A). Einzeloszillationen des Tremors werden bei der schnellen Produktion von /pa/ beobachtet (Abbildung 5.38 B). Hier zeigt sich außerdem eine Instabilität der Öffnungsamplitude der Unterkieferbewegung als Zeichen der Störung der endpositionalen Kontrolle der Bewegung. Bei dem Patienten findet sich ebenfalls ein Tremor in der Trajektorie der Zeigebewegung des rechten Zeigefingers auf ein 10 Zentimeter entferntes Ziel (Abbildung 5.39). Die gleichzeitige Registrierung von Unterkiefer- und Zungengrundbewegung (Abbildung 5.38 A) zeigt, daß der in der Unterkieferbewegung auftretende Tremor sich nur hier und nicht gleichzeitig in der Zungenbewegung manifestiert. Da die Zunge jedoch passiv die Unterkieferbewegungen mitmacht, müßte sich der Intentionstremor in der Zungenbewegung ebenfalls nachweisen lassen. Spekulativ könnte man annehmen, daß sich hier in der Zungenbewegung möglicherweise eine antizipatorische Kompensation der gestörten Unterkieferbewegung manifestiert. Obwohl dieses selektive Auftreten des Intentionstremors bei dem Patienten auch in anderen /pa/-Äußerungen zu beobachten war, müßte dieses Phänomen an weiteren Patienten noch verifiziert werden.

Eine umgekehrte Dissoziation mit Intentionstremor in der Zungenbewegung ohne Intentionstremor in der Unterkieferbewegung fand sich bei einem anderen Patienten

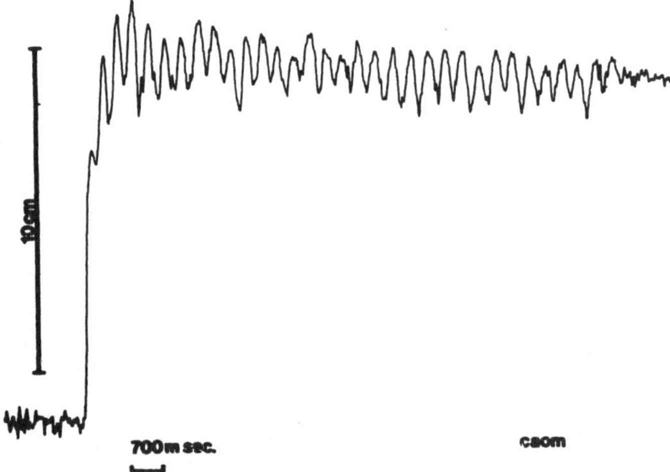

Abb. 5.39. Intentionstremor in der Zeigebewegung des rechten Zeigefingers; dargestellt ist der Hauptvektor der Bewegung

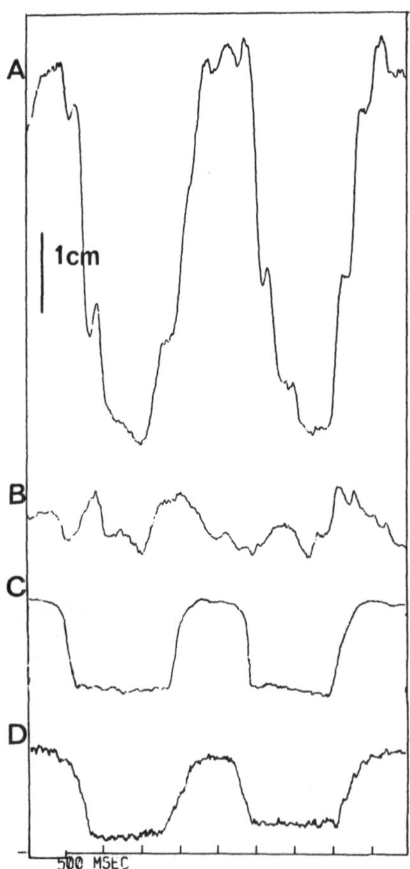

Abb. 5.40. Zungenbewegung (A: x(t), B: y(t)) und Unterkieferbewegung (C: x(t), D: y(t)) beim Herausstrecken der Zunge (Details siehe Text)

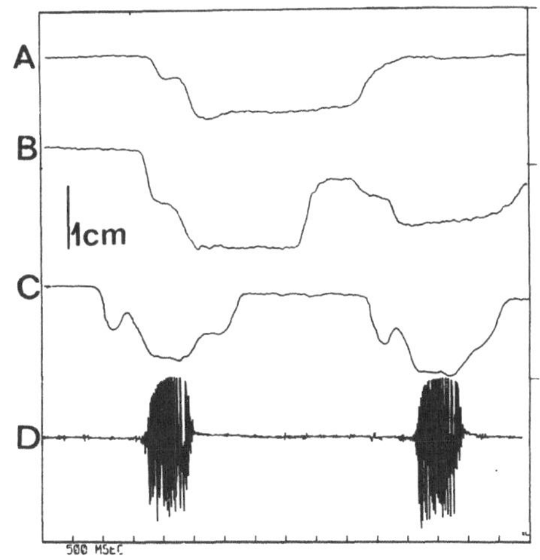

Abb. 5.41. Unterkieferbewegung (y(t) bei willkürlichem Öffnen und Schließen des Unterkiefers (**A,B**) und bei Äußerung von /pa/ (**C**), akustisches Signal (**D**) (Details siehe Text)

(D 6) (Abbildung 5.40). Simultan registriert wurden die Zungengrund- und Unterkieferbewegungen beim Herausstrecken der Zunge. Der Intentionstremor manifestiert sich ausschließlich in der Zungenbewegung und hier überwiegend in der x-Achse, in der die Bewegung abläuft; bei der Unterkieferbewegung ist kein Intentionstremor festzustellen; allerdings kommt es hier in der y-Achse, der Hauptbewegungsachse der Kieferöffnungsbewegung, zu einer überschießenden Bewegung (overshoot). Ein Intentionstremor fand sich bei der Äußerung von /pa/ bei diesem Patienten nicht. Eine parallele Ausprägung der zerebellären Symptomatik in Nicht-Sprechbewegungen und Sprechbewegungen findet sich in Abbildung 5.41. In der oberen Hälfte sind willkürliche Unterkieferöffnungs- und Unterkieferschließbewegungen, in der unteren Hälfte Sprechbewegungen des Unterkiefers für /pa/ aufgezeichnet.

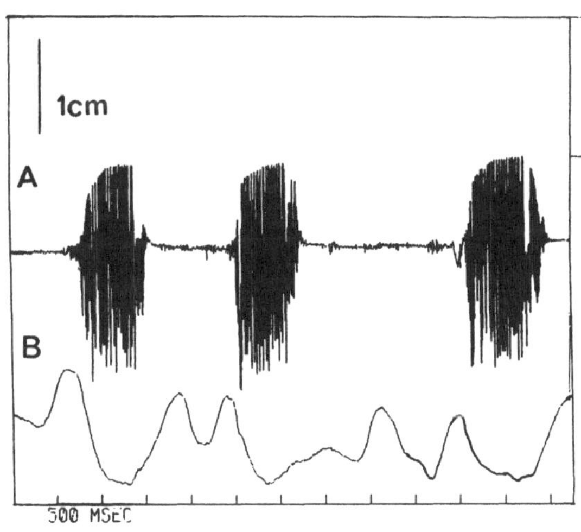

Abb. 5.42. Unterkieferbewegung (y (t) (**B**) bei der Produktion von /pa/, **A**: Sprachsignal. Frustrane Unterkieferbewegung ohne Phonation (Sprecher D6)

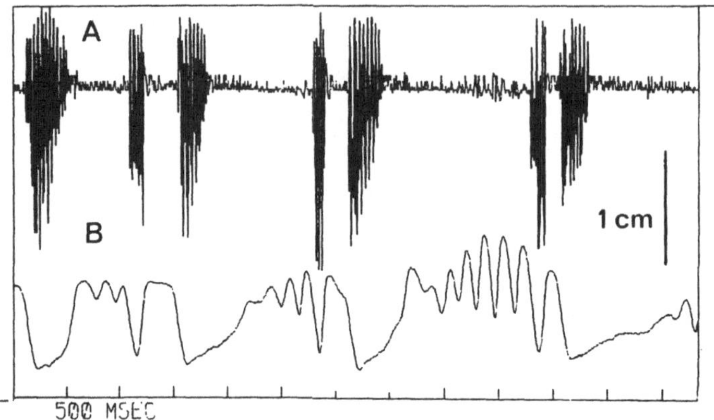

Abb. 5.43. Bewegung der Unterlippe (y(t) (B); selektives Auftreten eines 6-Hz-Unterlippentremors bei Produktion von Wörtern mit Lippenlauten, hier bei der Äußerung von /Pappe/; A: Sprachsignal (Sprecherin D11)

Ein Beispiel für frustrane Unterkieferbewegungen mit ausbleibender Phonation bei der Produktion von /pa/ gibt Abbildung 5.42 (ebenfalls Sprecher D 6) wieder. Bei einer Patientin (D 11), die einen 6-Hz-Zungentremor bei fehlendem Tremor des Unterkiefers aufwies, fand sich ebenfalls ein 6-Hz-Lippentremor, der aber selektiv nur bei der Produktion von Wörtern mit Lippenlauten, z.B. bei der Äußerung von /Pappe/ auftrat (Abbildung 5.43).

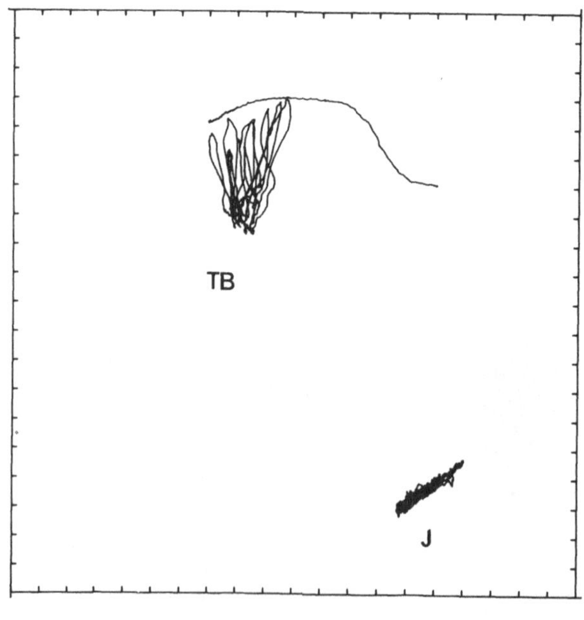

Abb. 5.44. Zungengrundtrajektorien (TB) bei der Produktion von /ka/; inkonstante fehlerhafte Realisierung der Richtung des Hauptvektors der Bewegung bei relativ intakter Amplitude, J: Unterkieferbewegung

Neben der Manifestation von Ataxie, Dysmetrie und Intentionstremor im Bereich der Mundmotorik war auch eine Störung der Zielgenauigkeit durch den Verlust der konstanten Richtung des Hauptvektors der Bewegung zu beobachten. Obwohl die Amplituden der Trajektorien der Zungengrundbewegung bei der Produktion von /ka/ weitgehend übereinstimmen, ändert sich für beinahe jede Trajektorie die Richtung ihres Hauptvektors (Abbildung 5.44).

Die vorgestellten artikulographischen Registrierungen machen deutlich, daß zerebelläre Störungen sich im Bereich der Mundmotorik in ähnlicher Weise wie im Bereich der Extremitätenmotorik manifestieren. So konnten Phänomene der Ataxie, der Dysmetrie, des Intentionstremors und des Verlustes der exakten Richtungsrealisierung beobachtet werden. Darüber hinaus fand sich ein selektives Auftreten der Störungen in einzelnen Artikulatoren, was in Anbetracht der engen funktionellen Verknüpfung der Sprechmotorik erstaunlich ist. Es handelt sich hierbei jedoch nur um Einzelbeobachtungen, die weitergehende Schlußfolgerungen zum jetzigen Zeitpunkt noch nicht erlauben.

5.2.3 Pathologische Veränderungen der Sprechmotorik bei Patienten mit Bulbärparalyse und Athetose

Bei einer 68-jährigen Patientin, die an einer sich allmählich entwickelnden Bulbärparalyse litt, zeigte die artikulographische Untersuchung der Zungengrund- und Unterkieferbewegungen bei der Produktion von Vokalen eine hochgradige Einschränkung der Bewegung in diesen Artikulatoren. Die bei den gesunden Sprechern für die einzelnen Vokale beobachtete Differenzierung der Bewegungstrajektorien des Zungengrundes war bei dieser Patientin aufgehoben und der vokale Bewegungsraum der Zunge auf einen kleinen zentralen Bereich reduziert, was als Zentralisierung des vokalen Bewegungsraums bezeichnet werden kann (Abbildung 5.45). Perzeptiv wirkten diese Vokaläußerungen wie Murmelvokale bei gesunden Sprechern, die ebenfalls mit nur minimaler Zungenmotilität erzeugt werden. Auffallenderweise ist bei dieser Patientin auch die Amplitude der Unterkieferbewegung hochgradig reduziert.

Eine andersartige Störung der Sprechmotorik war bei einer 34-jährigen Patientin mit einer Athetose im Bereich der Mundmotorik zu beobachten, die durch eine frühkindliche Hirnschädigung verursacht war. Die Patientin litt an intermittierend auftretendem Grimassieren und einer ausgeprägten Dysarthrie, die nur eine beschränkte mündliche Kommunikation erlaubte. Die Extremitätenmotorik war weitgehend ungestört, Zeichen einer Pyramidenbahnläsion fanden sich nicht. Bei der Patientin wurden

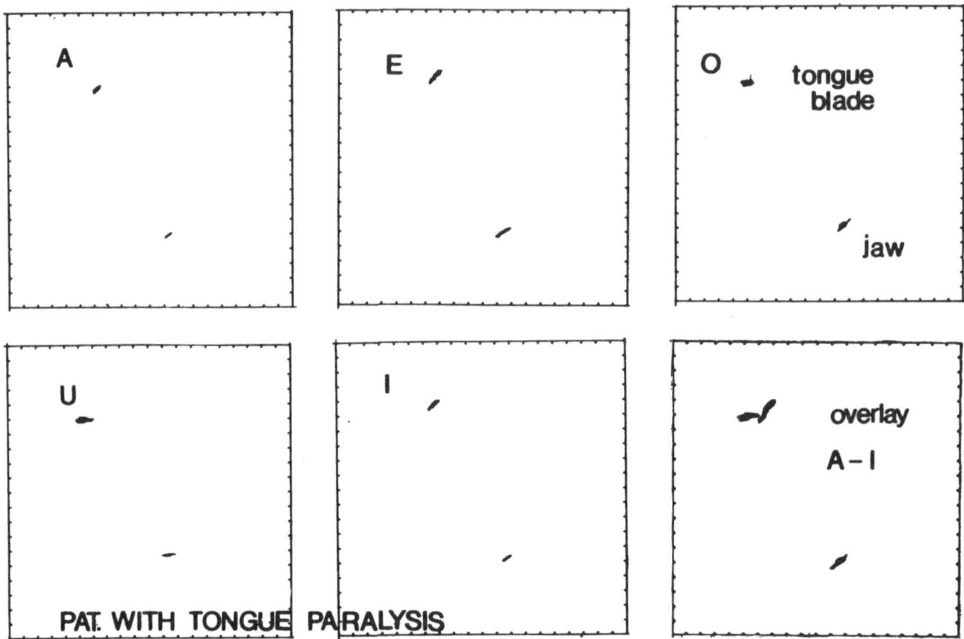

Abb. 5.45. Trajektorien der Zungengrund- und Unterkieferbewegungen einer Patientin mit Bulbärparalyse bei der fünffachen Produktion isolierter Vokale

die Bewegungen des Zungengrundes und des Unterkiefers bei der Produktion der Wörter /Pappe, Pieper, Puppe, gelingen, gelangen, gelungen, Gehabe, Gehupe, Gehieve/ registriert. Die Abbildungen 5.46 bis 5.48 zeigen die Bewegungen für diese Wörter, parallel sind zum Vergleich die Bewegungsverläufe einer gesunden Sprecherin wiedergegeben. Augenfällig sind die völlig andersgearteten Bewegungsmuster der Patientin: die Amplituden weichen erheblich ab und sind in ihrer Größe instabil, die Richtung des Hauptbewegungsvektors wechselt und die Zielpunkte für die Erzeugung der Vokale werden nicht erreicht, so daß insgesamt bizarre Bewegungstrajektorien entstehen.

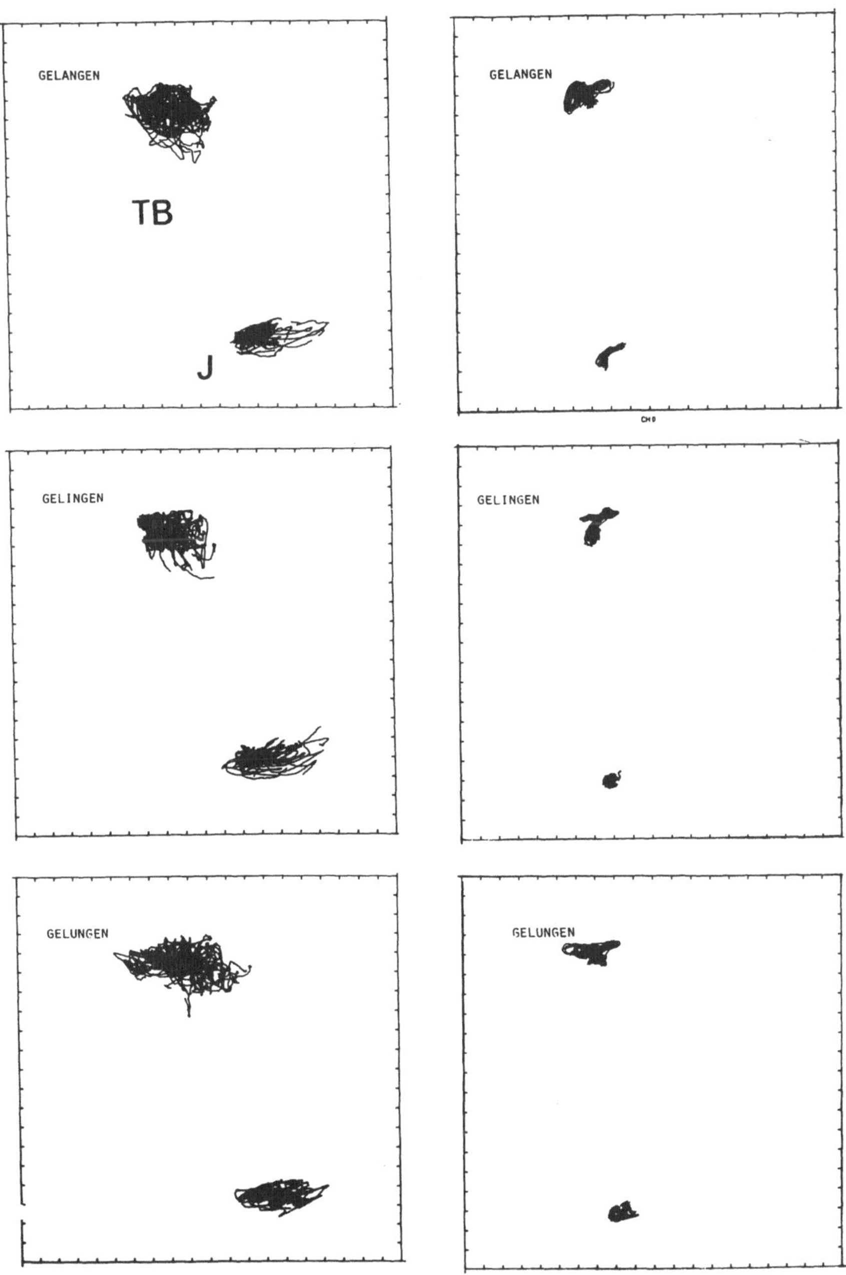

Abb. 5.46. Trajektorien der Zungengrund (TB)- und Unterkiefer (J)-Bewegungen einer Patientin mit Athetose bei repetitiver (n = 15) Produktion der angegebenen Wörter. Rechts Bewegungstrajektorien einer gesunden Sprecherin

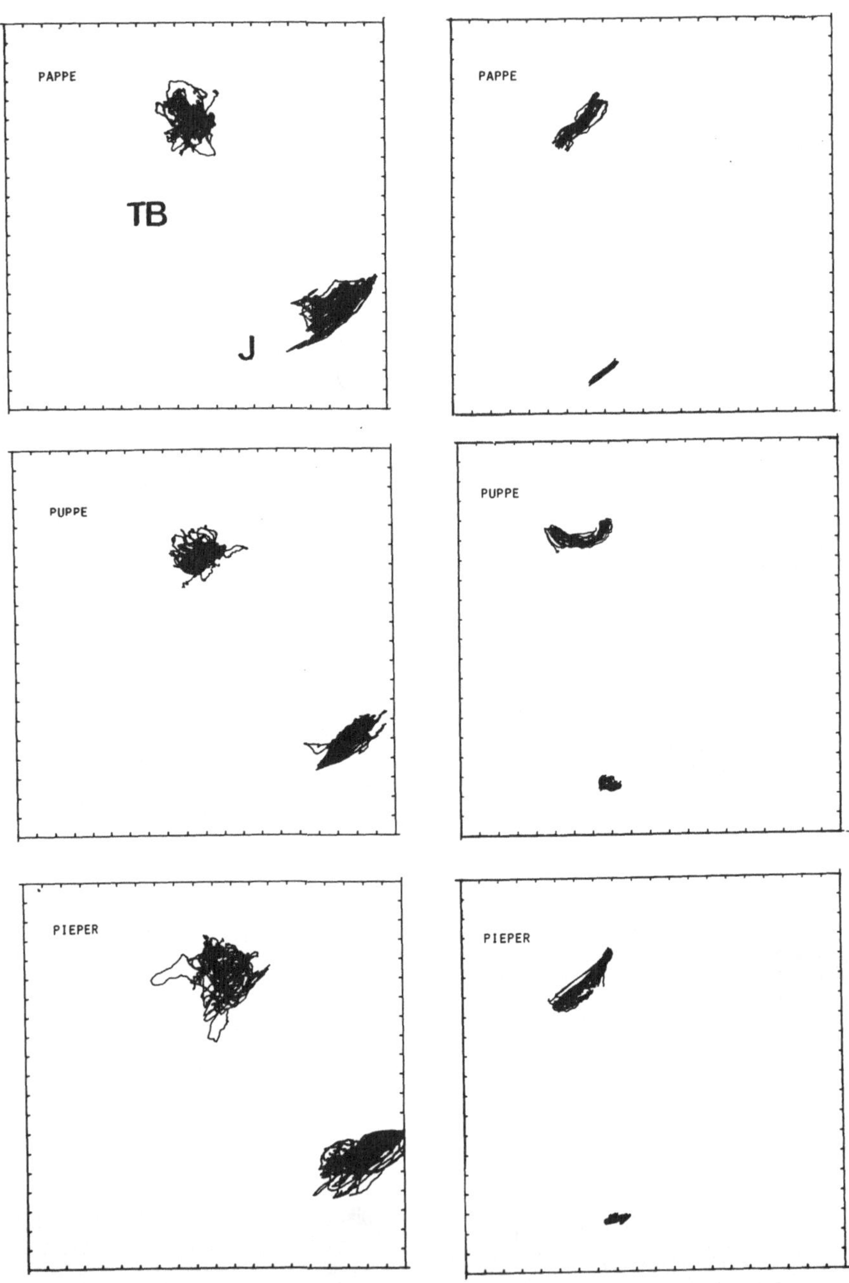

Abb. 5.47. Trajektorien der Zungengrund (TB)- und Unterkiefer (J)-Bewegungen einer Patientin mit Athetose bei repetitiver (n = 15) Produktion der angegebenen Wörter. Rechts Bewegungstrajektorien einer gesunden Sprecherin

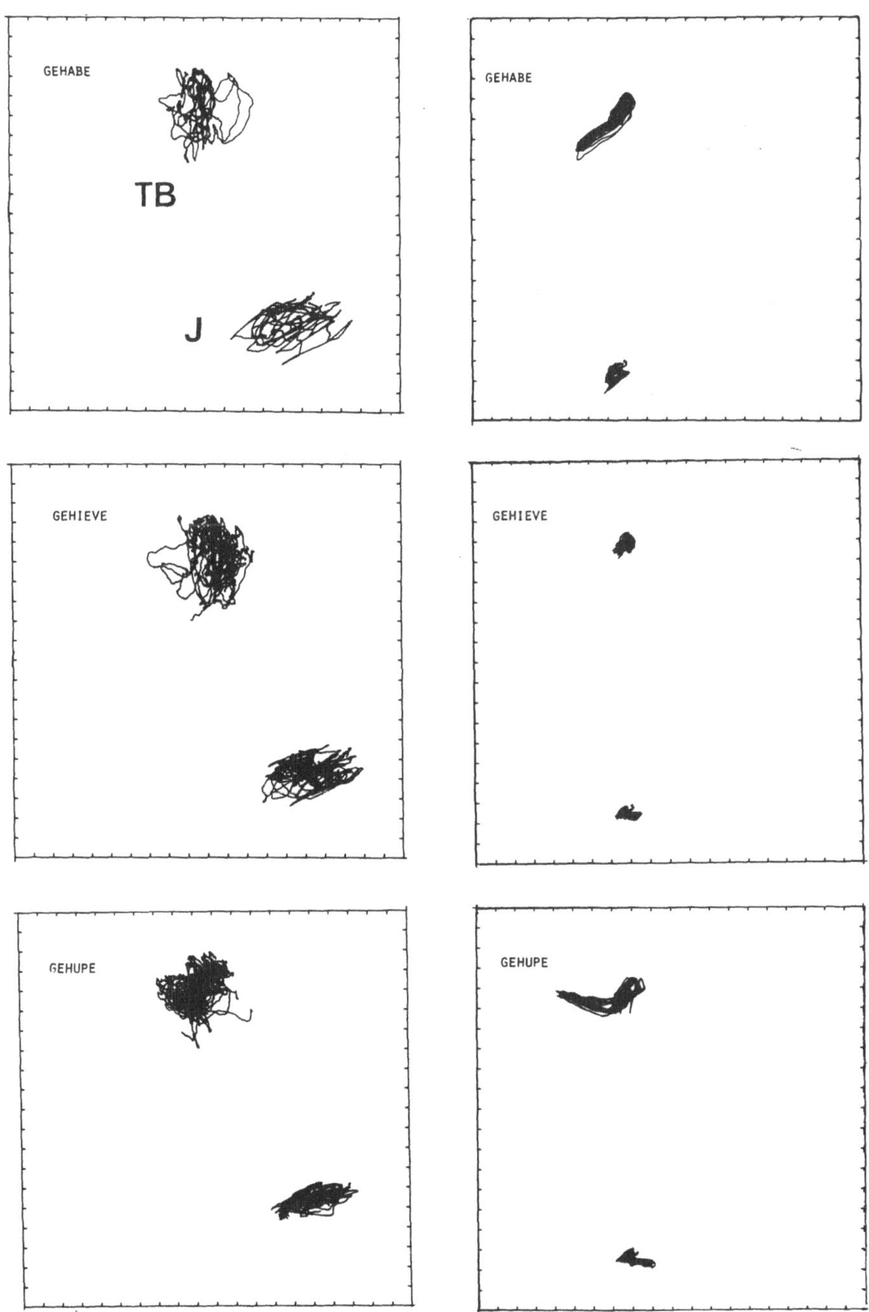

Abb. 5.48. Trajektorien der Zungengrund (TB)- und Unterkiefer (J)-Bewegungen einer Patientin mit Athetose bei repetitiver (n = 15) Produktion der angegebenen Wörter. Rechts Bewegungstrajektorien einer gesunden Sprecherin

6 Diskussion

6.1 Wertung und Bedeutung der elektromagnetischen Artikulographie als klinisches Untersuchungsverfahren der Sprechmotorik

6.1.1 Wesentliche Eigenschaften des Systems

Auf der Grundlage des bekannten kubischen Abstandgesetzes in inhomogenen Magnetfeldern wurde ein Verfahren entwickelt, das die kontinuierliche und simultane Messung mehrerer Artikulatorpositionen innerhalb und außerhalb des Mundraums erlaubt. Die Verwendung von drei Senderspulen ermöglicht es erstmals, Verdrehungsbewegungen, die insbesondere bei Zungenbewegungen auftreten, zu erkennen und bei der Berechnung der x/y-Koordinaten des Meßpunktes zu korrigieren. In dem angewandten Linearisierungsalgorithmus werden die drei Meßspannungen als Kreisradien um die drei Senderspulen interpretiert, und ein iteratives Näherungsverfahren zur Lösung eines nichtlinearen Gleichungssystems mit den drei Unbekannten: x, y, Verdrehungswinkel angewandt.

Die räumliche Auflösung des Verfahrens übertrifft mit 0,24 mm bzw. 0,47 mm bei Verdrehung der Empfängerachse die für sprechphysiologische Untersuchungen zu fordernde Meßgenauigkeit von 0,5 mm, die sich aus den minimalen dorsoventralen Zungenbewegungen bei der Produktion des Vokals /i/ am Ort der maximalen Konstriktion ableitet.

Die Möglichkeiten der Registrierung der sprechphysiologisch relevanten Artikulatorpositionen wurden für Zungenspitze, Zungengrund, Lippen, Unterkiefer und Gaumensegel nachgewiesen. Durch die Verwendung von Miniaturspulen kommt es zu keiner nennenswerten Interferenz mit dem Sprechvorgang.

Längere Untersuchungen zur Gewinnung großer Datenmengen sind wegen der biologischen Sicherheit der eingesetzten Magnetfelder, deren maximale Feldstärke unter 1 Gauß liegt, prinzipiell unbegrenzt möglich. Praktisch wird die Untersuchungsdauer durch die Klebeeigenschaften von Histoacryl auf der Zungenschleimhaut auf 1 bis 1 1/2 Stunden begrenzt.

Bewertet man das Verfahren der elektromagnetischen Artikulographie im Vergleich mit dem japanischen Mikro-Röntgenstrahlverfahren, das bislang das einzige, sprechphysiologisch adäquate Untersuchungsverfahren darstellt, so liegt der entscheidende Unterschied in der biologischen Sicherheit der beiden Verfahren. Obwohl die bei der Kinefluororadiographie erreichte Äquivalenzdosis von 10 Rem pro Minute (Aufnahmefrequenz 60 Hz, 35-mm-Film) bzw. von 2,5 Rem pro Minute (35-mm-high-speed-Film) durch die Verwendung von Röntgen-Mikrostrahlen deutlich reduziert und eine Strahlenexposition außerhalb des Artikulationstrakts vermieden wird, wurde von Fujimura (1980) in Anbetracht einer Belastung von 120 mrad pro Minute für das X-ray-microbeam-System eine Begrenzung der Untersuchungsdauer auf 10 Minuten empfohlen. Darüber hinaus ergeben sich durch Amalgam- und Goldfüllungen, Kronen und Brücken, die auf dem Röntgenfilm als Verschattung zu sehen sind, Probleme bei der Identifikation und der Verfolgung der Bleikügelchen auf den Meßpunkten.

Die hohen Anschaffungs- und Betriebskosten schließlich erlauben allenfalls eine Etablierung dieses Systems an einigen wenigen Forschungszentren zur Untersuchung freiwilliger gesunder Sprecher. Eine klinische Anwendung ist darüber hinaus jedoch aus ethischen Gründen nicht zu vertreten. Ein Vorteil des Systems, die Echtzeitverarbeitung der Positionssignale, wird in naher Zukunft auch bei der elektromagnetischen Artikulographie möglich sein.

Die anderen Methoden zur Registrierung von Sprechbewegungen, das Dehnungsmeßstreifenverfahren, das Ultraschallverfahren und die Palatographie eignen sich aus den bereits erörterten Gründen nur bedingt für Untersuchungen an gesunden Sprechern und nicht für die Untersuchung von Patienten.

Die Kinefluororadiographie mit konventionellen Röntgenstrahlen kann wegen der hohen Strahlenbelastung und der zeitaufwendigen Auswertung der einzelnen Röntgenbilder als Untersuchungsmethode nicht klinisch angewandt werden. Abbildung 6.1 vermittelt einen Eindruck von der Rekonstruktion der Bewegungsbahnen aus Einzelpunkten der jeweiligen Röntgenbilder und zeigt demgegenüber den Vorteil der direkten Registrierung der Bewegungstrajektorien auf, den die elektromagnetische Artikulographie bietet.

Insgesamt gesehen kommt daher der elektromagnetischen Artikulographie infolge ihrer biologischen Sicherheit, ihrer Möglichkeit der direkten Bewegungsregistrierung, ihrer Meßgenauigkeit und relativ langen Untersuchungsdauer im Hinblick auf die klinische Anwendbarkeit eine herausragende Bedeutung zu.

6.1.2 Die Problematik eines geeigneten Referenzsystems

Aus der klinischen Forderung, die Artikulographie bei Verlaufsbeobachtungen und Therapiekontrollen mehrfach anwenden und die Ergebnisse der jeweiligen Untersuchungen miteinander vergleichen zu können, ergibt sich das Problem, eine Referenz zur Definition eines Koordinatensystems zu finden, die sich jederzeit, mit hoher Genauigkeit und möglichst einfach bei jeder Untersuchung rekonstruieren läßt. Durch unterschiedliche Positionierungen des Helms auf dem Kopf des Patienten bei mehreren Untersuchungen würde sich nämlich das Koordinatensystem des Helms jedesmal in einer anderen Relation zum Kopf des Untersuchten befinden. Für identische Bewegungen würden sich in den x(t)- und y(t)-Kurven Minima und Maxima zu unterschiedlichen Zeitpunkten und mit unterschiedlichen Amplituden ergeben. Eine Vergleichbarkeit der Ergebnisse wäre daher nicht gegeben.

Dieses Problem wurde in der Literatur bislang nicht erörtert, da man sich bei den bisherigen Untersuchungen der Sprechmotorik in Anbetracht der methodischen Schwierigkeiten mit einmaligen Untersuchungen begnügte. Die bei der Kinefluororadiographie teilweise angegebenen Knochen- und Weichteilbezugspunkte (Gay, 1974; Kent u. Moll, 1972) sind für wiederholte Festlegungen des Koordinatensystems nur wenig geeignet, da die Kopfposition zum Strahlengang variabel ist und selbst kleine Abweichungen Projektionsfehler ergeben.

Die bei der Artikulographie zunächst verwendete Linie durch den Subnasalpunkt und die Kinnprominenz zur Festlegung der y-Achse wurde wegen der anatomischen

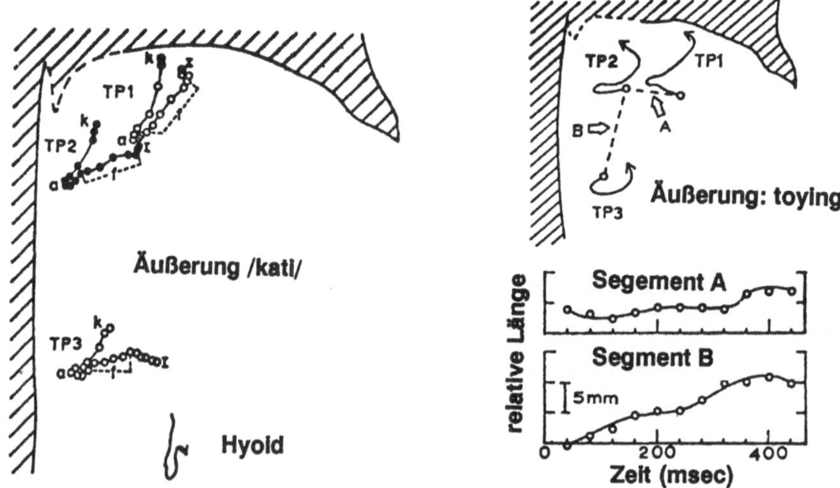

Abb. 6.1. Punkt-für-Punkt-Rekonstruktion der Bewegungsbahnen einzelner Artikulatorpositionen bei der Kinfluororadiographie macht den Vorteil der direkten Bewegungsregistrierung bei der elektromagnetischen Artikulographie deutlich (nach Kent, 1972)

Variabilität wieder aufgegeben. Alternativ wurde eine durch zwei Punkte in der Klusionsebene mediosaggital verlaufende Linie als x-Achse verwandt (s. Abb. 3.12). Da sich diese Linie jederzeit mit Hilfe eines T-förmigen Spatels und einer aufgeklebten Empfängerspule exakt reproduzieren läßt, kann bei unterschiedlicher Helmpositionierung durch eine Koordinatentransformation ein für die verschiedenen Untersuchungen identisches Koordinatensystem erstellt werden. Wegen der anatomischen Konstanz der Klusionsebene sind zudem interindividuelle Vergleiche möglich.

Die mediosagittale Klusionslinie ist darüber hinaus nicht nur exakt zu reproduzieren, sie bietet vielmehr auch einen sprechphysiologisch sinnvollen Bezug für die räumliche Interpretation der Bewegungen; Bewegungen entlang dieser Linie weisen tatsächlich eine Anterior-posterior-Richtung und Bewegungen senkrecht zu dieser Linie tatsächlich eine Superior-inferior-Richtung auf. Die zuerst verwandte Subnasalpunkt-Kinnprominenzlinie hätte sich wegen ihrer variablen Anordnung zur Klusionsebene nicht eindeutig interpretieren lassen.

Die Wahl der mediosagittalen Klusionslinie als exakt reproduzierbare Referenz zur Bestimmung eines konstanten Koordinatensystems stellt den entscheidenden Schritt für die Entwicklung des Verfahrens zu einer klinisch anwendbaren Untersuchungsmethode dar.

6.1.3 Die Bedeutung der artikulographischen Registrierung der Gaumenkontur

Die elektromagnetische Artikulographie bietet die Möglichkeit, zusätzlich zur Registrierung von Bewegungen der Artikulatoren die Gaumenkontur eines Sprechers darzustellen, was selbst mit dem japanischen Mikroröntgenstrahl-Verfahren nicht möglich ist. So gibt Perkell (1982) in einer Untersuchung mit diesem System lediglich von Gispabdrücken rekonstruierte und in die Plots der Bewegungstrajektorien übertragene Gaumenkonturen wieder. Wie in Kapitel 4.6 gezeigt wurde, stellt die Gaumenkontur zwar eine anatomisch sehr variable Struktur dar, weshalb sie als Referenz für ein Koordinatensystem ungeeignet ist, sie ist aber als unverformbarer Bestandteil des Ansatzrohres für die Lautbildung von entscheidender Bedeutung. Die Gaumenregistrierung erlaubt u.a. die Weite des Vokaltrakts etwa bei der Vokalbildung oder bei der Engebildung der Reibelaute (z.B. Bildung des /s/, siehe Abbildung 4.2) zu vermessen oder die Verschlußstellen bei der Bildung der Verschlußlaute zu bestimmen.

Im Hinblick auf die Modellierung des Vokaltrakts gibt die Mitregistrierung der Gaumenkontur erstmals die Möglichkeit, die Bewegungstrajektorien der Zunge in ihrer Beziehung zur Gaumenkontur zu analysieren und die interindividuellen Unterschiede in den Bewegungstrajektorien aufzuklären. Möglicherweise liegt in der individuellen Form der Gaumenkontur und in den aus ihr resultierenden Bewegungsunterschieden eine wichtige Ursache der sprecherspezifischen Variabilität des akustischen Signals.

Die praktische Bedeutung der Mitregistrierung der Gaumenkontur liegt in der Erhöhung der unmittelbaren Anschaulichkeit, die eine direkte Interpretation der Sprechbewegungen erlaubt. Diese Transparenz ist vor allem für die klinische Anwendung von Wichtigkeit.

6.1.4 Die klinische Praktikabilität des Verfahrens

In der Durchführung erwies sich die elektromagnetische Artikulographie sowohl bei gesunden Sprechern als auch bei den untersuchten Patienten als ein praktikables Verfahren: die Vorbereitung nahm ca. 20 Minuten in Anspruch; die Helmfixierung führte bei Untersuchungszeiten von ca. einer Stunde zu keiner gravierenden Belästigung; durch die Fixierung des Helms auf dem Kopf des Probanden wird der Helm bei Kopfbewegungen mitgeführt, ein Kopftremor überlagert daher nicht die eigentlichen Sprechbewegungen.

Insgesamt gesehen, ist festzustellen, daß die elektromagnetische Artikulographie derzeit das einzige Verfahren darstellt, das die klinischen Anforderungen an eine Untersuchungsmethode der Sprechmotorik voll erfüllt: sie ist biologisch sicher, weist eine hohe Meßgenauigkeit auf und erlaubt die fortlaufende und simultane Registrierung mehrerer Artikulatorpositionen innerhalb und außerhalb des Mundraums ohne nennenswerte Interferenz mit dem Sprechvorgang. Durch die Wahl eines exakt reproduzierbaren Referenzsystems können vergleichbare Mehrfachuntersuchungen durchgeführt und große Datenmengen erhoben werden. Die positiven Erfahrungen bei der Untersuchung von Patienten zeigen, daß das Verfahren in der klinischen Praxis als diagnostische Methode tatsächlich auch praktikabel ist. Durch die Echtzeitverarbeitung der Signale wird das Verfahren auch im therapeutischen Bereich zur Biofeedback-Behandlung eingesetzt werden können.

6.2 Physiologische Aspekte

Nach der Entwicklung der elektromagnetischen Artikulographie war es vor der Untersuchung von Patienten mit Sprechstörungen erst einmal erforderlich, Bewegungsdaten an gesunden Sprechern zu erheben, da im Deutschen zur Sprechmotorik, insbesondere zur Zungenmotorik nahezu keine bewegungsphysiologischen Daten veröffentlicht worden sind. In dem von Wängler (1976[6]) vorgelegten Atlas der deutschen Sprachlaute werden lediglich Röntgenbilder präsentiert, die für die einzelnen Laute charakteristische statische Konfigurationen des Vokaltrakts wiedergeben.

Die Diskussion wird daher Untersuchungen zum Amerikanischen miteinbeziehen, da hier Ergebnisse von kinefluororadiographischen Untersuchungen einzelner Sprecher zur Verfügung stehen, obwohl Vergleiche zwischen verschiedenen Sprachen nur bedingt möglich sind. Bei der Diskussion der physiologischen Aspekte der Sprechmotorik stellt sich vor allem die Frage nach der *Spezifität der Bewegungstrajektorien* unterschiedlicher Äußerungen, wobei hier schwerpunktmäßig die Zungengrundbewegungen bei der Vokalproduktion erörtert werden sollen, und nach den *zeitlichen Organisationsprinzipien der interartikulatorischen Koordination* bei systematischer Änderung des Sprechtempos.

6.2.1 Bewegungsphysiologische Aspekte der Vokalproduktion

Trotz des Fehlens einer ausreichenden bewegungsphysiologischen Datenbasis wird in der Phonetik traditionellerweise eine Differenzierung der deutschen Vokale nach bewegungsphysiologischen Kriterien vorgenommen (vgl. von Essen, 1979[5]; Lindner, 1981). "Das Verhältnis der Vokale untereinander wird am bequemsten nach der Zungenbewegung bestimmt. Nach der Höhenbewegung der Zunge im Mundraum unterscheidet man tiefe, mittlere und hohe Vokale, nach der sagittalen Bewegung der Zunge vordere, mittlere und hintere Vokale" (von Essen, 1979[5], S. 86). Entsprechend wurden sogenannte Vokaldreiecke oder -vierecke postuliert (Abbildung 6.2), wobei die Ordinate die Zungenhöhe, die Abszisse Vor- und Rückwärtsbewegungen der Zunge repräsentieren sollen (Borden u. Harris, 1980, S. 104). Diese häufig in linguistischen Lehrbüchern verbreitete Auffassung wird von Ladefoged (1975, S. 196) mit dem Hinweis auf eine fehlende empirische Basis kritisiert. Seiner Meinung nach sind die traditionellen Beschreibungen der Artikulation nicht befriedigend. Sie sind häufig nicht im Einklang mit den artikulatorischen Fakten. "As G. Oscar Russell, one of the pioneers in x-ray studies of vowels, said: 'Phoneticians are thinking in terms of acoustic facts, and using phy-

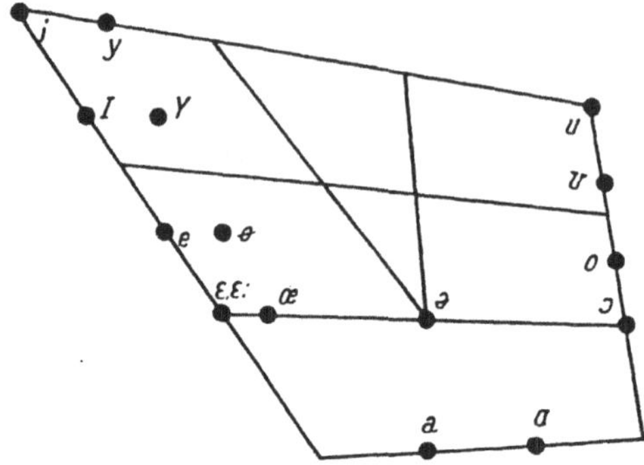

Abb. 6.2 Vokalviereck der deutschen Sprache (nach Lindner, 1981, S. 235)

siological fantasy to express the idea'" (Ladefoged, 1975, 174). Nach Borden u. Harris (1980, S. 106) entsprechen die Vokalkarten weit mehr den relativen Frequenzen des Vokaltrakts, wenn die F_1-und F_2-Formanten gegeneinander aufgetragen werden. Offenbar glaubten die Phonetiker die Vokalkarten nach der physiologischen Realität zu gestalten, unbewußt gaben sie jedoch die akustische Realität wieder.

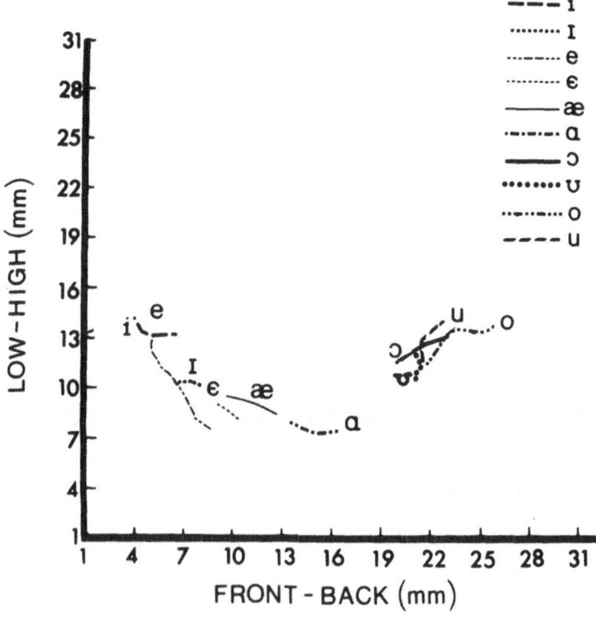

Abb. 6.3. Trajektorien des Zungengrundes bei der Vokalproduktion eines amerikanischen Sprechers. Jede Trajektorie stellt die Mittelung aus zwei Vokaläußerungen in dem Kontext / pVp/ (V = Vokal) dar (nach Alfonso u. Baer, 1982)

Hinsichtlich der bewegungsphysiologischen Realität der in der traditionellen Phonetik auf Grund von Selbstbeobachtung und perzeptiver Analyse angenommenen Vokalräume läßt eine kinefluororadiographische Untersuchung (Alfonso u. Baer, 1982), in der die amerikanischen Vokale von einem Sprecher jeweils zweimal produziert wurden, vermuten, daß die Zungengrundbewegung für die einzelnen Vokale unterschiedliche Trajektorien aufweist (Abbildung 6.3).

Die Frage der räumlichen Verteilung und der Spezifität der vokalen Bewegungstrajektorien im Deutschen konnte in der vorliegenden Arbeit durch die direkte Bewegungsanalyse der Zunge bei der Produktion der deutschen Vokale in unterschiedlichen Kontexten an 18 gesunden Sprechern erstmals eindeutig geklärt werden.

Durch die Einführung eines intra- und interindividuell exakt bestimmbaren Koordinatensystems konnten die Anterior/posterior- und Superior/inferior-Dimensionen eindeutig festgelegt und zur Beschreibung der Bewegungstrajektorien hinsichtlich deren Lage, Richtung und Scheitelpunkte verwandt werden.

Insgesamt ergab sich auf Grund der erhobenen Befunde eine weit differenziertere Betrachtungsweise als nach der bisherigen Literatur ursprünglich zu erwarten war. Bei der Analyse des Gesamtverlaufs der Bewegungsbahnen zeigte sich, daß die Bewegungstrajektorien für die einzelnen Vokale weitgehend typische Bewegungsräume besitzen. Der jeweilige Bewegungsverlauf wird durch die Konfiguration des Gaumens und durch den Kontext, in dem der jeweilige Vokal geäußert wird, bestimmt. Bei der Produktion isolierter Vokale wird der Bewegungsverlauf durch den vokalunspezifischen Startpunkt und den vokalspezifischen Zielpunkt bestimmt. Der Startpunkt entspricht dem Punkt der Zungenruhelage, von dem aus die Bewegung startet, und ist für alle Vokale mehr oder weniger gleich; der Zielpunkt hingegen wird von dem jeweils zu produzierenden Vokal vorgegeben. Die Lage der vokalspezifischen Zielpunkte wird am ehesten durch die individuelle Form der Gaumenkontur des jeweiligen Sprechers bestimmt. Auffallenderweise entspricht der Verlauf der Bewegungstrajektorien nicht der geraden Verbindungslinie zwischen den beiden Punkten, vielmehr ergeben sich "komplexe", aber weitgehend konstante Kurvenverläufe. Für ihre Entstehung spielen, so ist anzunehmen, synergistische Interaktionen zwischen Unterkiefer- und Zungenbewegungen mit eine wesentliche Rolle. Werden die Vokale im Kontext geäußert, kommt es zu einer kontextabhängigen Modifikation der Trajektorien, wobei sie durch die zusätzlich zu den Vokalzielpunkten zu durchlaufenden Zielpunkte des jeweiligen Kontextes bestimmt werden; vgl. die Bewegungsbahnen von / ə pap, etc./ und /g ə pap ə , etc./ gegenüber denen von isolierten Vokalen (Abbildungen 4.17 bis 4.25).

Die Gesamtverläufe der Bewegungsbahnen gliedern sich demnach in Segmente der Einstellbewegungen, zielspezifische Segmente, bei deren Durchlaufen die jeweiligen Ziellaute realisiert werden, und Segmente der Rückkehrbewegungen zu den Ausgangspunkten. Die zielspezifischen Bewegungssegmente, die bei den Äußerungen / ə pap, etc./ während der Vokalphonation durchlaufen werden, zeigen für alle untersuchten Sprecher differentielle vokalspezifische Bewegungsbereiche, wobei in manchen Fällen partielle Überlappungen zwischen /i/ und /e/ sowie zwischen /u/ und /o/ vorkommen. Alle Vokale werden jedoch bei den einzelnen Sprechern durch die Scheitelpunkte der Trajektorien diskriminiert. Die geometrische Konfiguration der vokalen Bewegungsräume bzw. der Scheitelpunkte der Trajektorien ist, absolut gesehen, zwar individuell verschieden und weitgehend von der Gaumenform abhängig, die relative Anordnung ist aber interindividuell weitgehend konstant. Die Verteilung der Scheitelpunkte der Trajektorien und ihre relative räumliche Anordnung stützen zwar die Annahmen der traditionellen Phonetik, entscheidend ist jedoch, daß bei allen Vokalen aller Sprecher während der Vokalphonation keine für die gesamte Dauer der Vokalphonation konstantbleibenden Zungenpositionen eingenommen werden und die Scheitelpunkte während einiger weniger Millisekunden durchlaufen werden. Damit ergibt sich das Problem, wie trotz der "Zungeninstabilität" und der sich damit ändernden Querschnittsfläche des Vokaltrakts während der Vokalphonation der akustische Steady-state-Charakter der Vokale erreicht wird. Inwieweit hier "Quanteneffekte" (Stevens, 1972) und "Sättigungseffekte" (Fujimura u. Kakita, 1979) eine Rolle spielen, muß durch weitere Untersuchungen geklärt werden.

Hinsichtlich der deutschen Diphthonge, die in der Literatur teilweise als bisegmentale Phonemfolge (Trubetzkoy, 1971[5]; Morciniec, 1958), teilweise als ein Phonem (Werner, 1972) und auch als Verbindung von Vokal und Konsonant (Moulton, 1970) aufgefaßt werden, konnte die artikulographische Untersuchung deren bewegungsphyiologischen Status eindeutig klären. Die Bewegungstrajektorien des Zungengrundes während der Produktion der Diphthonge waren generell durch zwei Zielpunkte bestimmt, im Gegensatz zu den "einfachen" Vokalen, die nur einen Zielpunkt aufwiesen. Die Zielpunkte deckten sich zwar nicht mit den Zielpunkten der Einzelvokale, lagen jedoch in Richtung der Zielpunkte der Einzelvokale. Bewegungsphysiologisch sind die Diphthonge daher eindeutig als bisegmental zu bewerten, wobei ihre Bewegungsbahnen spezifisch und von denen der Vokale klar abgrenzbar sind.

6.2.2 Bewegungsphysiologische Aspekte der Wortproduktion

Wie die zahlreichen Beispiele der Trajektorien bei der Produktion einzelner Wörter gezeigt haben, weisen deren Bewegungsbahnen ebenfalls eine Tendenz zur spezifischen Musterbildung auf, die sich bereits bei der Vokalproduktion angedeutet hatte. Auch auf dem Wortniveau kann der Verlauf der Trajektorien aus den zu durchlaufenden Zielpunkten rekonstruiert werden; und selbst bei Wörtern, wie /Nase/, /nasse/, die linguistisch sogenannte Minimalpaare bilden, d.h. sich nur in einem Merkmal unterscheiden, finden sich wortspezifische Bewegungsmuster.

Diese Bewegungsregularität und -spezifität ist in Anbetracht der in der bisherigen Forschung beobachteten Variabilität der jeweils untersuchten Einheiten der Sprachproduktion (Lindblom, 1963; Öhmann, 1966; Stevens u. House, 1963; Kent u. Moll, 1972; Lubker et al., 1971; Moll et al., 1977) erstaunlich. Möglicherweise sind die regulären Bewegungsmuster Ausdruck eines bewegungsphysiologisch motivierten Sprechcodes, während die bislang gefundene Variabilität eher Ausdruck einer "Unverträglichkeit" linguistischer Untersuchungskategorien mit der sprechmotorischen Realität ist. An dieser Stelle ergibt sich die Notwendigkeit, den theoretischen Ansatz der bisherigen Forschung zur Sprechmotorik grundsätzlich zu erörtern. Die Forschung war bislang entscheidend durch die Linguistik geprägt und ging davon aus, daß Beschreibungen und Konstrukte der linguistischen Theorie eine neuromuskuläre Realität besäßen (Fromkin, 1965). Dementsprechend wurde versucht, invariante Phänomene der Sprachproduktion als Korrelat für diskrete linguistische Einheiten, wie phonetische Merkmale, Phoneme oder Silben, nachzuweisen. Dabei ergab sich jedoch für identische Einheiten ein großes Maß an intra- und interindividueller Variabilität. In der Folge bemühte man sich, die beobachtete Variabilität durch theoretische Modelle zu erklären, wobei jedoch die linguistische Konzeptualisierung der Sprechmotorik beibehalten wurde. Als Konsequenz aus diesen Überlegungen ergibt sich die Notwendigkeit einer motorphysiologischen Konzeptualisierung sprechmotorischer Forschung. Erst nach Kenntnis der "Lexeme" und der "Syntax" des neuromotorischen Codes der Sprechmotorik erscheint eine gegenseitige Abbildung der linguistischen und der neuromotorischen Einheiten sinnvoll.

Wie die bisherige Diskussion deutlich macht, ermöglicht die direkte und kontinuierliche Registrierung der Artikulationsbewegungen eine Analyse der Dynamik der Sprechmotorik und eröffnet damit einen neuen Zugang zu Fragen der Spezifität der Bewegungsbahnen einzelner sprachlicher Äußerungen, der sprechmotorischen Musterbildung und der sprechmotorischen Codierung sprachlicher Einheiten.

6.2.3 Zeitliche Aspekte der interartikulatorischen Koordination

Bei Nicht-Sprechbewegungen, wie der bimanuellen Koordination (Kelso et al., 1979), dem Schreiben (Viviani u. Terzuolo, 1980; Hollerbach, 1981) oder dem Gehen, bleiben die relativen zeitlichen Beziehungen, z.B. zwischen den elektromyographischen Aktivitäten von Agonisten und Antagonisten, bei Änderung der Bewegungsgeschwindigkeit konstant. Wenn z.B. eine Katze schneller geht, wird der "Schrittzyklus" kürzer, der Zeitpunkt der Extensorenaktivität der betreffenden Extremität bleibt jedoch in Beziehung zur Dauer von einer Beugung zur nächsten konstant, obwohl zeitlich absolut gesehen eine große Variabilität besteht (Grillner, 1975, 1977; Engeberg u. Lundberg, 1966).

Hinweise auf eine ähnliche zeitliche Organisation im Bereich der Sprechmotorik fanden Tuller et al. (1982) in einer elektromyographischen Untersuchung der Artikulation. Durch die systematische Variation der Sprechgeschwindigkeit bei der Äußerung repetitiver /pa/-Silben konnte in der vorliegenden Untersuchung nachgewiesen werden, daß die relative Zeitstruktur der interartikulatorischen Koordination von Unterkieferbewegung und Phonation konstant ist, obwohl die absolute Dauer zwischen Beginn der Kieferöffnungsbewegung und maximaler Kieferöffnung und der absolute Zeitpunkt des Phonationsbeginns unter dem Einfluß der unterschiedlichen Sprechgeschwindigkeiten variieren.

Aus diesen Beobachtungen der Invarianz der relativen Zeitstruktur in der interartikulatorischen Organisation der Sprechmotorik ist zu folgern, daß die zeitliche Koordination einzelner Elemente einer komplexen Bewegung durch ihre Einbindung in eine feste relative Zeitstruktur wesentlich vereinfacht, und dadurch die große Anzahl der Freiheitsgrade des Systems (hier des Unterkiefer/Kehlkopf-Systems) auf wenige Kontrollparameter reduziert wird (Bernstein, 1967).

6.3 Pathophysiologische Aspekte

Durch die direkte Bewegungsanalyse der elektromagnetischen Artikulographie konnten einige grundlegende pathophysiologische Mechanismen zerebellärer Störung der Sprechmotorik nachgewiesen werden.

Hinsichtlich der zeitlichen Koordination fand sich eine Auflösung der bei gesunden Sprechern durch invariante relative Zeitstrukturen festgefügten interartikulatorischen Koordination: im Gegensatz zu den Gesunden besteht keine Korrelation zwischen Öffnungslatenz, der Zeit vom Beginn der Kieferöffnungsbewegung bis zum Erreichen der maximalen Kieferöffnung, und der Phonationslatenz, der Zeit vom Beginn der Kieferöffnungsbewegung bis zum Beginn der Phonationsbewegung. Dieser Befund kann als Zerfall koordinativer Strukturen (Turvey, 1977) bzw. funktioneller Synergien (Rondot et al., 1979), die für die erfolgreiche Ausführung komplexer motorischer Handlungen erforderlich sind, interpretiert werden.

Im Hinblick auf die Programmierung der Sprechmotorik ergaben sich aus der Beobachtung invarianter relativer Zeitstrukturen und deren Zerfall bei zerebellärer Störung der Sprechmotorik folgende weiterführende Überlegungen: Betrachtet man die Unterkieferbewegung und die Hüllkurve des Sprachsignals bei der Produktion von /pa/-Sequenzen als sinusförmige Funktionen, so entspricht die invariante relative Zeitstruktur einer festen Phasendifferenz der beiden Kurven. Ein pathophysiologischer Mechanismus der zerebellären Sprechstörungen besteht dann im Verlust der exakten Phasendifferenzeinstellung. Die Phasenverschiebung war bei den untersuchten Patienten jedoch nicht so ausgeprägt, daß der Beginn der Phonation nicht mehr in die Halbperiode zwischen Kieferöffnungsbeginn und maximaler Kieferöffnung gefallen wäre. Größere positive oder negative Phasenverschiebungen könnten allerdings zur Produktion von ganz anderen Lauten führen: fiele der Phonationsbeginn mit dem Beginn der Kieferöffnung zusammen oder vor diesen, würden andere Laute als /pa/, nämlich die Äußerung /ba/ oder /ma/ (bei zusätzlicher Nasalierung) bzw. /ab/ oder /am/ produziert. Derartige Veränderungen wurden zwar bei den untersuchten Patienten nicht beobachtet, möglicherweise treten sie jedoch bei Patienten mit noch schwereren zerebellären oder anderen Störungen, z.B. der Sprechapraxie, auf.

Neben der unkontrollierten pathologischen Phasenveränderung könnte man eine kontrollierte Phasendifferenzmodulation als physiologischen Mechanismus annehmen, der der Produktion sprachlicher Laute zugrundeliegt. Eine ähnliche Hypothese zur Generierung von Buchstaben wurde von Hollerbach (1981) für die Schreibmotorik formuliert.

Diese Überlegungen zeigen, wie durch Änderung eines "einfachen" bewegungsphysiologischen Parameters, unterschiedliche, korrekte und inkorrekte Laute erzeugt werden können, ohne daß ein Rekurs auf linguistische Erklärungsmodelle erforderlich ist.

Neben der Veränderung der Zeitstruktur konnte die artikulographische Untersuchung erstmals direkt Zeichen zerebellärer Störungen im Bereich der Mundmotorik, insbesondere der Zungenmotorik, nachweisen und zwar sowohl bei Sprechbewegungen als auch bei Nicht-Sprechbewegungen. Das Auftreten von Oszillationen eines Intentionstremors, von dysmetrischen Einstellbewegungen mit overshoot und undershoot führt zur Störung der exakten räumlich-zeitlichen Koordination der Artikulationsbewegungen. Wird z.B. bei der Äußerung von /pa/ durch Oszillationen eines Intentionstremors in der Unterkieferöffnungsphase die intendierte Zielposition nicht rechtzeitig erreicht, kommt es zu einem, bezogen auf die normale maximale Öffnung, vorzeitigen Einsetzen der Phonation mit der Folge einer Veränderung der Klangqualität der Äußerung. Detaillierte bewegungsphysiologische Untersuchungen lassen hier erstmals genauere Kenntnisse über den Zusammenhang zwischen gestörten Bewegungsabläufen und pathologisch veränderten akustischen Signalen erwarten. Die Beobachtung eines selektiven Auftretens von zerebellären Zeichen in einzelnen Artikulatoren weist, wie die Beobachtung einer selektiv in der Unterkiefermuskulatur ausgeprägten Spastik (Abbs et al., 1983), auf die Möglichkeit einer differentiellen Affektion einzelner sprechmotorischer Subsysteme hin.

Vergleichbare akute, reversible Kleinhirnstörungen der Sprechmotorik konnten nach Alkoholgenuß beobachtet werden (Schönle et al., 1985). Schon bei Blutalkoholspiegeln unter 0,7 Promille fanden sich Störungen der zeitlichen Koordination der Unterkieferbewegung und Phonation, sowie der exakten Steuerung der Richtung der Bewegungstrajektorien und der Bewegungsamplituden. Das Auftreten der akuten Alkoholeffekte auf die Sprechmotorik und die Möglichkeit ihrer artikulographischen Analyse wird in Zukunft die Möglichkeit eröffnen, die Dynamik des Zerfalls und der Restitution der zerebellären Sprechstörungen im Detail zu untersuchen.

Insgesamt machen die bei den Patienten mit zerebellären, athetotischen und bulbärparalytischen Störungen der Sprechmotorik erhobenen Befunde deutlich, daß der direkten Registrierung der Artikulationsmotorik eine wesentliche klinische Bedeutung zukommt, da die beobachteten Symptome weder mit perzeptiven (Gilman u. Kluin, 1985) noch mit akustischen (Kent et al., 1979) Analysen des Sprachschalls hätten erfaßt werden können.

6.4 Perspektiven der sprechmotorischen Forschung

Die elektromagnetische Artikulographie stellt eine neue Methode zur direkten Registrierung der Sprechmotorik dar, die wegen ihrer Vorteile erstmals neue Perspektiven in der empirischen Erforschung der Physiologie und Pathophysiologie der Sprechmotorik eröffnet. In Zukunft werden zunächst systematische Untersuchungen großer Datenmengen von vielen Sprechern notwendig sein, um die grundlegenden physiologischen Mechanismen der Sprechmotorik aufzudecken. Dabei werden die Frage nach der differentiellen Organisation der Sprechmotorik im Vergleich zur Extremitätenmotorik, das Problem der Abbildung abstrakt-diskreter linguistischer Einheiten in die kontinuierlich ablaufenden sprechmotorischen Phänomene und die datenfundierte Modellierung des Vokaltraktes eine wesentliche Rolle spielen.

Aufbauend auf den an gesunden Sprechern gewonnenen Erkenntnissen werden mit der elektromagnetischen Artikulographie erstmals auch die pathophysiologischen Mechanismen der neurogenen Sprechstörungen und die zerebrale Organisation der Sprechmotorik auf einer breiten empirischen Basis erforscht werden können.

Aus der Analyse der Effekte zerebroaktiver Substanzen ist die Entwicklung eines pharmakologischen Modells der Sprechmotorik zu erwarten, das in Ermangelung eines Tiermodells von besonderer Bedeutung ist, und weitere Einblicke in die neuronale Organisation der Sprechmotorik ermöglichen wird.

Auf der Grundlage bewegungsphysiologischer Beschreibungskategorien werden die traditionellen Klassifikationsschemata der Dysarthrien zu überprüfen und gegebenenfalls neue diagnostische Leitlinien zu erarbeiten sein. Erstmals besteht in diesem Zusammenhang die Möglichkeit der bewegungsphysiologischen Objektivierung dysarthrischer Befunde und der Dokumentation von dysarthrischen Krankheitsverläufen. Schließlich können verschiedene traditionelle Therapieverfahren auf ihre Effizienz hin überprüft werden.

Darüber hinaus kann die elektromagnetische Artikulographie bei Patienten mit neurologischen, phoniatrischen, psychiatrischen, pädiatrischen und kieferchirurgischen Sprechstörungen therapeutisch als Biofeedback-Behandlungsverfahren eingesetzt werden. Kindern mit Hörstörungen oder angeborener Taubheit, denen die für die Spracherlernung erforderlichen akustischen Modelle der Sprachlaute fehlen, können Artikulogramme von Lauten, Lautkombinationen und Wörtern visuell zur Modellierung der Sprechmotorik dargeboten werden.

Wegen seiner methodischen Innovation wird das Verfahren der elektromagnetischen Artikulographie nicht nur in der Neurologie, sondern auch in anderen medizinischen Fachgebieten, in denen Patienten mit Sprechstörungen behandelt werden, von theoretischer und praktischer Bedeutung sein.

7 Zusammenfassung

In der vorliegenden Arbeit wurde mit der elektromagnetischen Artikulographie ein neues Verfahren zur direkten Analyse der Sprechmotorik vorgestellt, das im Vergleich zu den bisherigen Verfahren entscheidende Vorteile aufweist und erstmals eine breite klinische Anwendung ermöglicht.

Es erlaubt, mit einer hohen Meßgenauigkeit von 0,24 mm kontinuierlich und simultan mehrere Artikulatorpositionen innerhalb und außerhalb des Mundraumes zu registrieren, Verdrehungsbewegungen der Zunge automatisch zu erkennen und zu korrigieren. Wegen seiner biologischen Sicherheit kann das Verfahren über längere Zeit und beliebig oft eingesetzt werden, so daß es sich insbesondere für eine klinische Anwendung im diagnostischen und therapeutischen Bereich eignet.

Das Meßprinzip des Verfahrens beruht auf der Beobachtung, daß die Feldstärke um einen oszillierenden magnetischen Dipol mit r^{-3} abnimmt, wobei r die Entfernung zwischen Empfängerspule und Dipol darstellt. Verwendet man zwei parallel angeordnete Senderspulen, die auf unterschiedlichen Frequenzen im Bereich von 12 kHz arbeiten, kann in der Ebene senkrecht zu den Senderspulen die Position einer Empfängerspule aus der Stärke der induzierten Spannungen berechnet werden. Die Position der Empfängerspule ergibt sich als Schnittpunkt der Kreise um die beiden Senderspulen, wobei sich die Radien aus dem kubischen Abstandsgesetz als $r_i = C/U_i^{1/3}$, $i = 1,...(1)$ ableiten lassen.

Verdrehungen der Empfängerspule um den Winkel phi, die bei Zungenbewegungen vorkommen, führen jedoch zu einer Verringerung der gemessenen Signalspannung um den Faktor cos phi; dadurch werden nach (1) fälschlich zu große Radien bestimmt. Durch Verwendung einer dritten Senderspule und Messung einer dritten Signalspannung können nach (1) drei Radien bestimmt werden, die um einen gemeinsamen Faktor zu verkleinern sind, bis sich die drei Kreise in einem Punkt, der tatsächlichen Position der Empfängerspule, schneiden. Da das System aus den drei unabhängigen Kreisgleichungen nicht explizit auflösbar ist, müssen ein Näherungsverfahren benutzt und die Lösungen iterativ gewonnen werden.

Die apparative Realisierung umfaßt eine Helmkonstruktion aus dünnem Aluminiumrohr zur mediosagittalen Positionierung der drei Senderspulen (7 cm x 3 cm), die Miniaturempfangspulen (0,4 cm x 0,2 cm) und die Analogelektronik. Das in der Empfängerspule empfangene Kombinationssignal wird über dünne Kupferdrähte aus dem Mundraum geführt, in der Analogelektronik verstärkt und in die drei Senderspannungen getrennt. Diese werden wahlweise mit 250 oder 500 Hz in drei A/D-Kanälen digitalisiert und weiterverarbeitet.

Ein entscheidender Schritt für die Entwicklung des Verfahrens zu einer klinisch anwendbaren Untersuchungsmethode bestand in der Lösung des Problems, daß bei wiederholten Untersuchungen der Helm und damit das durch die drei Senderspulen definierte Koordinatensystem nicht jedesmal in identischer Relation zum Kopf des Untersuchten positioniert werden kann. Identische Bewegungen ergeben daher bei zwei Untersuchungen mit unterschiedlichen Helmpositionierungen ganz verschiedene x(t)- und y(t)-Kurven, wodurch positive oder negative Verlaufsveränderungen einer Sprechstörung vorgetäuscht werden könnten. Es war daher notwendig, eine exakt reproduzierbare Referenz zu finden, um das Koordinatensystem des Helm/Senderspulen-Systems in ein individuelles, bei allen Untersuchungen identisches Koordinatensystem transformieren zu können. Dieses Problem konnte durch die Wahl der mediosagittalen Klusionslinie gelöst werden, einer Linie durch den Berührungspunkt der beiden mittleren oberen Schneidezähne (P_1) und einen zweiten, mediosagittal in der Klusionsebene (durch die Unterseite der oberen Molaren gebildete Ebene) liegenden Punkt (P_2). Die "mediosagittale Klusionslinie" wurde als x-Achse und P_1 als Ursprung des individuellen Koordinatensystems definiert. Beide Punkte ließen sich auch bei Patienten mit einer auf einem T-förmigen Plastikspatel fixierten Empfängerspule einfach registrieren und exakt reproduzieren.

Eine sprechphysiologisch wichtige Referenz stellt der Gaumen dar, der als unverformbarer Bestandteil des Ansatzrohres für die Lautbildung von entscheidender Bedeutung ist. Es wurden daher verschiedene Möglichkeiten zur Registrierung der Gaumenkontur exploriert. Das Entlangführen einer Empfängerspule durch den Untersucher erwies sich insbesondere bei Patienten als die beste Methode der exakten Gaumenregistrierung. In klinischer Sicht zeigte sich, daß die gemeinsame Darstellung der Sprechbewegungen und der Gaumenkontur die unmittelbare Anschaulichkeit der Trajektorien erhöht und eine direkte Interpretation der Sprechbewegungen erlaubt.

Im Hinblick auf die Modellierung des Vokaltrakts gibt die Mitregistrierung der Gaumenkontur die Möglichkeit, unmittelbar Daten über die Weite des Vokaltrakts gewinnen zu können.

Hinsichtlich der praktischen Registrierbarkeit einzelner Artikulatorpositionen ließ sich zeigen, daß die sprechphysiologisch relevanten Artikulatoren: Zungenspitze, Zungengrund, Lippen, Unterkiefer und Gaumensegel ohne nennenswerte Schwierigkeiten registriert werden können. Durch die Verwendung von Miniaturspulen wurde keine wesentliche Interferenz mit dem Sprechen beobachtet.

Das nicht-triviale Problem, die Empfängerspulen auf der Schleimhaut über längere Zeit fest zu fixieren, konnte durch Verwendung eines chirurgischen Gewebeklebers (Histoacryl) gelöst werden. Durch die Klebeeigenschaften von Histoacryl auf der Zungenschleimhaut ergaben sich Untersuchungszeiten von 1 bis 1 1/2 Stunden.

Mit Hilfe der elektromagnetischen Artikulographie wurden an insgesamt 41 gesunden Sprechern und 15 Patienten verschiedene Untersuchungen zur Sprechmotorik durchgeführt. Die Trajektorien der Zungengrundbewegung bei der Produktion der Vokale in unterschiedlichen Kontexten wurden an 18 gesunden Sprechern analysiert. Es fanden sich differentielle vokalspezifische Bewegungsräume, wobei der jeweilige Verlauf der Bewegungsbahnen durch verschiedene Faktoren bestimmt war. Bei der isolierten Vokalproduktion hing der Verlauf von der Lage des vokalunspezifischen Startpunktes (dem Ruhelagepunkt der Zunge) und dem vokalspezifischen Zielpunkt (dem Scheitelpunkt der Trajektorien) ab. Durch Einbettung der Vokale in unterschiedliche Kontexte konnten differentielle Bewegungsräume "erzeugt" werden, die durch die mit den Kontexten zusätzlich eingeführten Zielpunkte bestimmt wurden. Die relative Anordnung der Vokaltrajektorien war interindividuell weitgehend konstant, absolut gesehen, war ihre Konfiguration jedoch individuell unterschiedlich in Abhängigkeit von der Gaumenform des Sprechers ausgeprägt, wie die mitregistrierten Gaumenkonturen erkennen ließen.

Die Untersuchung der Diphthonge konnte einen durch zwei Zielpunkte bestimmten (bisegmentalen) Verlauf der Bewegungstrajektorien nachweisen, wobei die Zielpunkte nicht mit denen der Einzelvokale identisch waren.

Bei der Bewegungsanalyse auf der Wortebene wurde eine Tendenz zur spezifischen Musterbildung festgestellt, die selbst bei sehr ähnlichen Wörtern, sog. Minimalpaaren (z.B. /nasse/, /Nase/) nachgewiesen werden konnte.

Die zeitliche Koordination von Unterkieferbewegung und Phonation bei der Produktion von unterschiedlich schnell gesprochenen repetitiven /pa/-Silben wurde bei sechs Sprechern untersucht. Die Ergebnisse zeigen, daß die relative Zeitstruktur der interartikulatorischen Koordination von Unterkieferbewegung und Phonation konstant ist, obwohl die absolute Dauer vom Beginn der Kieferöffnung bis zur maximalen Kieferöffnung (Öffnungslatenz) sowie die absolute Dauer vom Beginn der Kieferöffnung zum Phonationsbeginn (Phonationslatenz) unter dem Einfluß der unterschiedlichen Sprechgeschwindigkeiten stark variieren.

Durch die Untersuchung der zeitlichen Koordination von Unterkieferbewegung und Phonation bei 12 Patienten mit zerebellärer Sprechstörung konnte eine Auflösung der bei gesunden Sprechern durch invariante relative Zeitstrukturen festgefügten interartikulatorischen Koordination nachgewiesen werden. Darüber hinaus wurden zerebelläre Bewegungsstörungen im Zungen-, Lippen- und Unterkieferbereich sowohl bei Sprechbewegungen als auch bei Nicht-Sprechbewegungen beobachtet. Im Detail ließen sich Effekte von Tremoroszillationen und dysmetrischen Einstellbewegungen auf den Ablauf von Sprechbewegungen nachweisen. Daneben fand sich auch ein Verlust der exakten Richtungssteuerung der Bewegungstrajektorien und der exakten endpositionalen Kontrolle.

Weiterhin konnten mit Hilfe der elektromagnetischen Artikulographie bei einer Patientin mit Bulbärparalyse eine Zentralisierung der vokalen Bewegungstrajektorien und bei einer Patientin mit athetotischer Bewegungsstörung ein völliger Verlust der Regularität der Trajektorien der Zungen- und Unterkieferbewegungen nachgewiesen werden.

Insgesamt gesehen, stellt die elektromagnetische Artikulographie wegen der biologischen Sicherheit, der Meßgenauigkeit, der Möglichkeit der intraoralen Bewegungsregistrierung und der Möglichkeit einer ausreichend langen Untersuchungsdauer das erste, klinisch breit anwendbare Verfahren zur Analyse von Sprechbewegungen dar.

Literaturverzeichnis

ABBS JH, GILBERT BN (1973) A Strain Gauge Transducer System for Lip and Jaw Motion in two Dimensions. J Speech Res 16, 248-256

ABBS JH, WATKIN KL (1976) Instrumentation for the Study of Speech Physiology. In: Lass NJ (Ed.) Contemporary Issues in Experimental Phonetics. Academic Press, New York 41-72

ABBS JH, HUNKER CJ, BARLOW SM (1983) Differential Speech Motor Subsystems Impairements with Suprabulbar Lesions: Neurophysiological Framework and Supporting Data. In: Berry WR (Ed.) Clinical Dysarthria. College Hill Press, San Diego 21-56

ALFONSO PJ, BAER T (1982) Dynamics of vowel articulation. Lang Speech 25,151-173

ANTONIADIS Z, STRUBE HW (1984) Untersuchungen zur spezifischen Dauer deutscher Vokale. Phonetica (Basel) 41, 72-87

BAY E (1957) Die corticale Dysarthrie und ihre Beziehungen zur sogenannten motorischen Aphasie. Dt Z NervHeilk 176, 553-591

BERNSTEIN NA (1967) The Coordination and Regulation of Movement. Pergamon Press London

BLOEDEL JR, DICHGANS J, PRECHT W (1985) Cerebellar Functions. Springer, Berlin Heidelberg

BLUMSTEIN SE, COOPER WE, ZURIF EB, CARAMAZZA A (1977) The Perception and Production of Voice Onset Time in Aphasia. Neuropsychologia 15,371-383

BLUMSTEIN SE, COOPER WF, GOODGLASS H, STATLENDER SH, GOTTLIEB J (1980) Production Deficits in Aphasia: A Voice Onset Time Analysis. Brain Lang 9, 153-170

BORDEN GJ, HARRIS KS (1980) Speech Science Primer. Williams and Willkins, Baltimore 102-111

DARLEY FL, ARONSON EA, BROWN JR (1975) Motor Speech Disorders. W.B. Saunders, Philadelphia

ENGEBERG I, LUNDBERG A (1966) An Electromyographic Analysis of Muscular Activity in the Hindlimb of the Cat during unrestrained Locomotion. Acta Physiol. Scand. 75, 614-630

ESSEN O von (1979[5]) Allgemeine und angewandte Phonetik. Berlin

FANT G (1980) The Relations between Area Functions and the Acoustic Signal. Phonetica (Basel) 37, 55-86

FRANZ G (1982) Zahnärztliche Werkstoffkunde. In: Schwenzer N (Hrsg.) Zahn-Mund-Kieferheilkunde Bd. 3, Stuttgart 1-137

FREEMAN FJ, SANDS ES, HARRIS KS (1978) Temporal Coordination of Phonation and Articulation in a Case of Verbal Apraxia: A Voice Onset Time Study. Brain Lang 6, 106-111

FROMKIN VA (1965) Some Phonetic Specifications of Linguistic Units: an Electromyographic Investigation. Working Papers in Phonetics UCLA 3

FUJIMURA O (1980) Modern Methods of Investigation in Speech Production. Phonetica (Basel) 37, 38-54

FUJIMURA O, KAKITA Y (1979) Remarks on the Quantitative Description of Lingual Articulation. In: Lindblom B, Ohman S (Eds.) Frontiers of Speech Communication Research. Academic Press, London 17-24

GAY TH (1974) A Cinefluorographic Study of Vowel Production. J Phonet 2, 255-266

GANDHI OP (1980) Special Issues on Biological Effects and Medical Applications of Electromagnetic Energy. Proceedings of the IEEE 68, 1-69

GILMAN S, BLOEDEL J, LIECHTENBERG R (1981) Disorders of the Cerebellum. F. A. Davis Company, Philadelphia

GILMAN S, KLUIN K (1985) Perceptual Analysis of Speech Disorders Friedreich Disease and Olivopontocerebellar Atrophy. In: Bloedel JR, Dichgans J, Precht W (Eds.) Cerebellar Functions. Springer, Berlin Heidelberg New York Tokyo

GRÄBE K (1985) Versatile Averaging Program. Göttingen

GRILLNER S (1975) Locomotions in Vertebrates. Physiol. Rev. 55, 247-304

GRILLNER S (1977) On the Neural Control of Movement - a Comparison of Different basic Rhythmic Behaviors. In: Stent GS (Ed.) Function and Formation of Neural Systems (Life Sciences Research Reports) Vol. 6. Berlin

HIROSE H, KIRITANI S, USHIJIMA T, SAWASHIMA M (1978) Analysis of Abnormal Articulatory Dynamics in Two Dysarthric Patients. J Speech Hear Disord 63, 96-105

HIROSE H, KIRITANI S, USHIJIMA T, YOSHIOKA H, SAWASHIMA M (1981) Patterns of Dysarthric Movements in Patients with Parkinsonism. Fol Phoniat 33, 204-215

HIROSE H, KIRITANI S, SAWASHIMA M (1982) Velocity of Articulatory Movements in Normal and Dysarthric Subjects. Fol Phoniat 34, 210-215

HIXON THJ (1971) An Electromagnetic Method for Transducing Jaw Movements during Speech. J Acoust Soc Amer 49, 603-606

HOLLERBACH J (1981) An Oscillator Theory of Handwriting Biological Cybernetics 39, 139-156

HONG G (1986) Persönliche Mitteilung

ITOH M, SASANUMA S, HIROSE H, YOSHIOKA H, USHIJIMA T (1980) Abnormal Articulatory Dynamics in a Patient with Apraxia of Speech: X-Ray Microbeam Observation. Brain Lang 11, 66-75

JONES S (1929) Radiography and Pronunciation. British Journal of Radiography (New Series) 3, 149-150

KELLER E, OSTRY DJ (1983) Computerized Measurement of Tongue Dorsum Movements with Pulsed-echo Ultrasound. J Acoust Soc Amer 73, 1309-1315

KELSO JAS, SOUTHARD DL, GOODMAN D (1979) On the nature of human interlimb coordination. Science 203, 1029-1031

KELSO JAS, HOLT KG, KUGLER PN, TURVEY MT (1980) On the Concept of Coordinative Structures as Dissipative Structures: II. Empirical Lines of Convergence. In: Stelmach GE, Requin J (Eds.) Tutorials in Motor Behavior. Elsevier/North Holland, New York 49-70

KENT RD, MOLL KL (1972) Tongue Body Articulation during Vowel and Diphtong Gestures. Fol Phoniat 24, 278-300

KENT RD, MOLL KL (1972) Cinefluorographic Analyses of Selected Lingual Consonants. J Speech Res 15, 453-473

KENT R, NETSELL R (1975) A Case Study of an Ataxic Dysarthric: Cineradiographic and Spectrographic Observations. J Speech Hear Dis 40, 52-71

KENT R, NETSELL R (1978) Articulatory Abnormalities in Athetoid Cerebral Palsy. J Speech Hear Dis 43, 353-373

KENT RD, NETSELL R, BAUER LL (1975) Cineradiographic Assessment of Articulatory Mobility in the Dysarthrias. J Speech Hear Dis 40, 467-480

KENT RD, NETSELL R, ABBS JH (1979) Acoustic Characteristics of Dysarthria associated with Cerebellar Disease. J Speech Res 22, 613-626

KENT RD, ROSENBEK JC (1983) Acoustic Patterns of Apraxia of Speech. J Speech Res 26, 231-249

KIRITANI SH, KAKITA K, SHIBATA S (1977) Dynamic Palatography. In: Sawashima K, Cooper M (Eds.) Dynamic Aspects of Speech Production. University of Tokyo Press, Tokyo 159-169

KUGLER P, KELSO JAS, TURVEY MT (1980) On the Concept of Coordinative Structures as dissipative structures: I. Theoretical lines of convergence. In: Stelmach GE, Requin J (Eds.) Tutorials in Motor Behavior. Elsevier/North Holland, New York 3-4

KRAUS JD (1953) Electromagnetics. McGraw-Hill, New York

LADEFOGED P (1975) A Course in Phonetics. Harcourt Brace Jovanovich, New York

LASS NJ (1976) Contemporary Issues in Experimental Phonetics. Academic Press, New York

LEHMANN G (1979) Einführung in die Zahnersatzkunde. München

LINDNER G (1981) Grundlagen und Anwendungen der Phonetik. Akademie-Verlag, Berlin

LINDBLOM BEF (1963) Spectrographic Study of Vowel Reduction. J Acoust Soc Amer 35, 1773-1781

LINDBLOM BEF, SUNDBERG JEF (1971) Acoustical Consequences of Lip, Tongue, Jaw, and Larynx Movement. J Acoust Soc Amer 50, 1166-1179

LUBKER J, FRITZELL B, LINDQUIST J (1971) Velopharyngeal Function, an Electromyographic Study. Quarterly Report, Speech Transmission Laboratory, Vol. 4. Stockholm, 9 -20

MEINHOLD G, STOCK E (1980) Phonologie der deutschen Gegenwartsprache. VEB Bibliographisches Institut, Leipzig 79 ff

MOLL KL (1960) Cinefluorographic Techniques in Speech Research. J Speech Res 5, 227-241

MOLL KL, ZIMMERMANN GN, SMITH A (1977) The Study of Speech Production as a Human Neuromotor System. In: Sawashima M, Cooper FS (Eds.) Dynamic Aspects of Speech Production. University of Tokyo Press, Tokyo 107-127

MORCINIEC N (1958) Zur phonologischen Wertung der deutschen Affrikaten und Diphthonge. Z Phon 12, 228-236

MOULTON WG (1970) Phonemische Segmentierungsmerkmale in der Deutschen Hochsprache der Gegenwart. In: Steger H (Hrsg.) Vorschläge für eine strukturale Grammatik des Deutschen. Darmstadt 429-453

NADLER R, ABBS JH, THOMPSON M (1986) The New Nationally shared X-Ray Microbeam Facitlity: Status Report. J Acoust Soc Amer Suppl 1 78 S38 (A)

NATIONAL RESEARCH STRATEGY FOR NEUROLOGICAL AND COMMUNICATIVE DISORDERS (1979) U.S. Department of Health, Education, and Welfare; Public Health Service, National Intstitutes of Health, National Institute of Neurological and Communicative Disorders and Stroke. NIH Publication No. 79, p. 1910

ÖHMANN S (1966) Coarticulation in VCV Utterances: Spectrographic Measurements. J Acoust Soc Amer 39, 151-168

PERKELL JS, OKA D (1980) Use of an Alternating Magnetic Field Device to Track Midsagittal Plane Movements of Multiple Points Inside the Vocal Tract. J Acoust Soc Amer 67, S92 (A)

PERKELL JS, NELSON WL (1982) Articulatory Targets and Speech Motor Control: a Study of Vowel Production. In: Grillner S, Persson A, Lindblom B, Lubker J (Eds.) The Motor Control of Speech. Pergamon Press, New York

ROBINSON DA (1963) A Method of Measuring Eye Movement Using a Scleral Search Coil in a Magnetic Field. IEEE Transactions on Biomedical Electronics 10, 137-145

ROBINSON DA (1981) Control of Eye Movements. In: Brooks VB (Ed.) Handbook of Physiology - The Nervous System II. American Physiological Society, Bethesda, MD 1275 - 1320

RONDOT P, BATHIEN N, TOMA S (1979) Physiopathology of Cerebellar Movement. In: Massion J, Sasaki K (Eds.) Cerebro-Cerebellar Interactions. Elsevier, Amsterdam New York, 203 - 230

SAWASHIMA M, COOPER FS (1977) Dynamic Aspects of Speech Production. University of Tokyo Press, Tokyo

SCHÖNLE PW, WENIG P, SCHRADER J, GRÄBE K, BRÖCKMANN E, CONRAD B (1983) Ein elektromagnetisches Verfahren zur simultanen Registrierung von Bewegungen im Bereich des Lippen-, Unterkiefer-, und Zungensystems. Biomedizinische Technik 28, 172-179

SCHÖNLE PW, POSER W, CONRAD B (1985) A New Method for Direct Detection of Alterations in Speech Movements due to CNS Active Substances. Naunyn - Schmiedebergs Archives of Pharmacology, Supplement 329, 103

SHAWKER TH, SONIES BC, STONE M (1984) Soft Tissue Anatomy of the Tongue and the Floor of the Mouth: an Ultrasound Demonstration. Brain Lang 21,335-350.

SHEPPARD AR, EISENBUD M (1977) Biological Effects of Electric and Magnetic Fields of Extremely Low Frequency. New York University Press, New York

SONODA Y (1977) A High Sensitivity Magnetometer for Measuring the Tongue Point Movements. In: Sawashima M, Cooper W (Eds.) Dynamic Aspects of Speech Production. University of Tokyo Press, Tokyo 145-156

STEVENS KN (1972) The Quantal Nature of Speech: Evidence from Articulatory-Acoustic Data. In: Denes PB, David EE (Eds.) Human Communication, A Unified View. McGraw-Hill, New York 51-66

STEVENS KN, HOUSE AS (1963) Perturbation of Vowel Articulation by Consonantal Context: an Acoustical Study. J Speech Res 6, 111 - 128

TRUBETZKOY NS (1971^5) Grundzüge der Phonologie. Göttingen

TULLER B, KELSO JAS, HARRIS KS (1982) Interarticulatory Phasing as an Index of Temporal Regularity in Speech. J Exp Psych 8, 460-472

TURVEY MT (1977) Preliminaries to a Theory of Action with Reference to Vision. In: Shaw R, Bransford J (Eds) Perceiving, Acting, and Knowing: Toward an Ecological Psychology. Erlbaum, Hillsdale NJ 167-194

VAN DER GIET G (1977) Computer-Controlled Method for Measuring Articulatory Activities. J Acoust Soc Amer 61, 1072-1076

VAN LANCKER DR, CANTER GJ (1981) Temporal Organization in the Accelerated Speech of a Parkinson's Patient. UCLA Working Paper 3, 209-237

VIVIANI P, TERZUOLO V (1980) Space-time invariance in learned motor skills. In: Stelmach GE, Requin J (Eds.) Tutorials in motor behavior. North Holland, Amsterdam

WÄNGLER HH (1958,1976^6) Atlas deutscher Sprachlaute Berlin

WATKIN KL, ZAGZEBSKI JA (1973) On-line Ultrasonic Technique for Monitoring Tongue Displacements. J Acoust Soc Amer 54, 544-547

WERNER O (1972) Phonemik des Deutschen. Stuttgart

ZIEGLER W, VON CRAMON D (im Druck) Disturbed Coarticulation in Apraxia of Speech: Acoustic Evidence. Brain Lang

ZWAARDEMAKER J (1900) Über den Akzent nach graphischer Darstellung. Monatsschrift für Sprachheilkunde 6, 51-66

Sachverzeichnis

Abszisse
-, individuelle 28
Achsenverdrehung 14
Adaptation 7
Alginat 35
Alkohol 108
Alveolare Laute 23
Amalgam 23, 97
Analyse
-, akustische 3
-, perzeptive 3
Approximalkontakt 28
Ataxie 86, 91
Athetose 83, 91ff
Aufnahmefrequenz 8, 17, 97
Auflösung
-, räumliche 96
-, zeitliche 8, 82
Äquivalenzdosis 97

B-Scan 7
Bewegungsamplitude 79
Bewegungsstörung
-, hyperkinetische 20
Bewegungstrajektorie
-, X-ray-micro-beam System 9
Bild-für-Bild-Analyse 7, 11
Biofeedback 11, 39, 100, 109
Bulbärparalyse 83, 91, 92

Campersche Ebene 28

Dauermagnet 8, 10
Dehnungsmeßstreifen 5, 11
Diphthonge 68ff, 104
Dysarthrie 82
Dysarthrietest 39
Dysdiadochokinese 86
Dysmetrie 86, 91

Echtzeit 11
Elektrodenimplantation 11
EMG 22, 23
Empfängerspule 13, 15ff, 21ff
Encephalomyelitis disseminata 86
Expositionszeit 8, 12

Feldstärke 13, 22, 37, 96
Friedreichsche Heredoataxie 83

Gaumen 8, 11, 31ff, 40ff, 70, 103
Gaumenkontakt 32
Gaumensegel 24, 34, 37
Genauigkeit 8, 22, 27
Gewebekleber 25, 39
Gießharz 25
Glossographie 4, 5

High-speed-Film 97
Histoacryl 25
Hörstörung 109

Incisivi 38
Indirekte Verfahren 3
Individuelle Abszisse 28
Individuelles Koordinatensystem 28ff
Induktivität 24
Intentionstremor 82, 86ff, 91, 107
Interferenz 36
Invarianz 106
Inzisalpunkt 28

Kehlkopf 4
Kinefluororadiographie 7ff, 97ff
Kinnprominenz 27, 98
Kleinhirninfarkt 83

Klusionsebene 28, 38
Kommunikation 1, 91
Kompensation
-, antizipatorische 87
Konsonanten 70
Koordinatenberechnung 13, 18, 22
Koordinatensystem 26ff
-, externes 26
-, individuelles 27ff
Koordinatentransformation 37, 99
Koordination
-, bimanuelle 106
-, interartikulatorische 85, 101, 106
-, zeitliche 81ff
Kopfbewegungen 20
Kopftremor 38, 100
Kurzvokale 76, 79

Langvokale 76, 79
Labiale 23
Labiodentale 23
Linearisierung 21
Linearisierungsalgorithmus 16, 22, 96
Lippen 5
Lippenbewegungen 23
Lippentremor 90
Luftturbulenzen 33

Magnetfeld
-, homogenes 10
-, inhomogenes 13, 19
Magnetometer 8, 10
Mediosagittalebene 19, 20, 29
Meßgenauigkeit 11, 23, 35
Meßprinzip 13, 19
Meßpunkte 23
Mikroröntgenstrahl-Verfahren 12, 35, 97, 99
Modellierung
-, Vokaltrakt 40, 99
Mundboden 4
Mundmotorik 86, 91, 107
Mundraum 26

Nasale 24
National Institute of Health 1, 2
Normkoordinatensystem 21

Oberkiefermolaren 28
Oberkiefer 35
Oberlippe 4, 24, 33, 34, 75
Offener Biß 27
Okklusionsebene 28
Overshoot 89, 107

Palatale 23
Palatographie 5, 6, 11, 97
Papilla incisiva 36
Phasendifferenz 107
Phasendifferenzmodulation 107
Phasenverschiebung 107
Phonation 80ff
Porus acusticus 28
Praktikabilität 38, 100
Progenie 27
Prognathie 27
Projektionsfehler 98
Protrusionsbewegung 33, 34

Referenzsystem 26, 98
Reorganisation
-, kompensatorische 3
Retrogenie 27
Retrognathie 27
Rotationstransformation 28ff
Röntgenfilm 97
Röntgen-Mikrostrahlverfahren 8
Röntgenstrahlen 7, 12
Rugae palatinae 36, 40

Schallkopf 7, 11
Senderspulen 13ff, 20ff, 96
Sensoren 10
Sensorisches Feedback 5
Sicherheit
-, biologische 37
Sinusoszillatoren 20
Sirognatograph 8, 10
Spaltbildung 33
Spastik 108
Sprechgeschwindigkeit 73, 80, 84, 106
Sprechstörung 1, 8, 37, 82ff, 107
Sprechtempo 85
Strahlenbelastung 8, 12, 35, 97
Strahlenexposition 97

Strukturen
-, koordinative 107
Subnasalpunkt 27, 28, 98
Systemkalibrierung 16, 21, 22, 38

Taubheit
-, angeborene 109
Tiefer Biß 27
Tragus 28
Translationstransformation 29

Ultraschall 6, 11, 12, 97
Unterkiefer 4, 10, 24, 32ff, 72, 74
Unterkieferbewegung 80ff
Unterlippe 24, 33, 34, 72, 90
Untersuchungsdauer 12, 39

Velare 23
Verdrehung 16ff
Verdrehungsbewegungen 15, 96
Verdrehungswinkel 14, 23, 29
Verlust
-, Bewegungsrichtung 91
Vokaldauer 79
Vokale
-, isolierte 43ff, 103
-, im Kontext 50ff, 103
Vokalproduktion 101
Vokaltrajektorien 60ff
Vokaltrakt 9
Vokalübergänge 67ff

Wechselmagnetfeld 10, 13
Winkelrotation 29

X-ray-microbeam 8, 9

Zeigebewegungen 82
Zeitstruktur
-, relative 85, 107
Zunge 10
Zungenbewegungen 4, 6, 7, 10, 11, 96
Zungengrund 24, 32ff, 72ff, 87, 90ff
Zungenkonturen 9
Zungenmotilität 7
Zungenspitze 24, 32ff, 70ff
Zungenspitzen-R 33ff, 36
Zungentremor 90
Zungenverdrehungsbewegungen 23
Zungenverdrehungsfehler 10, 13
Zwaardemakersche Registrierapparatur 4

Sprachmaterial
/a/ 45
/a/ 33
/ang/ 33, 34
/č/ 70
/CocaCola/ 72
/e/ 46
/gəpapə/ 58
/gelingen/ 74, 95
/gelangen/ 74, 95
/gelungen/ 74, 95
/i/ 47, 96
/o/ 48
/u/ 49
/Krokodil/ 72
/k/ 32, 33
/ka/ 32, 33
/kam/ 76
/Kamm/ 76
/küssen/ 33, 34
/l/ 70
/la/ 42
/Lage/ 75
/lastig/ 75
/Liege/ 75
/listig/ 75
/Lüge/ 75
/lustig/ 75
/n/ 70
/Nase/ 76, 77
/nasse/ 76, 77
/Pappe/ 74, 94
/Pieper/ 74, 94
/Puppe/ 74, 94
/s/ 32, 33, 70, 99
/sa/ 32
/t/ 70
/ts/ 70
/Tage/ 75
/Tide/, 75
/Trage/ 75

/Triebe/ 75
/Trübe/ 75
/Tüte/ 75
/ü/ 33
/Ytong/ 73
/Zote/ 76, 78
/Zotte/ 76, 78
/ əpap/ 51
/ əpep/ 52
/ əpip/ 53
/ əpop/ 54
/ əpup/ 55